수 학 이 풀 리 는 수 학 사 : 2 중 세

中学生趣味数学史

[韩] 金利娜（김리나）著
徐丽虹 译

从数列到透视法

北京时代华文书局

图书在版编目（CIP）数据

中学生趣味数学史．从数列到透视法 /（韩）金利娜著；徐丽虹译．— 北京：北京时代华文书局，2023.7

ISBN 978-7-5699-4995-7

Ⅰ．①中… Ⅱ．①金… ②徐… Ⅲ．①数学史－世界－青少年读物 Ⅳ．①O11-49

中国国家版本馆 CIP 数据核字（2023）第 135558 号

北京市版权局著作权合同登记号　图字：01-2021-7597 号

拼音书名 | ZHONGXUESHENG QUWEI SHUXUE SHI CONG SHULIE DAO TOUSHIFA

出 版 人 | 陈　涛
选题策划 | 余荣才
责任编辑 | 余荣才
责任校对 | 薛　治
装帧设计 | 孙丽莉　赵芝英
责任印制 | 訾　敬

出版发行 | 北京时代华文书局 http://www.bjsdsj.com.cn
北京市东城区安定门外大街 138 号皇城国际大厦 A 座 8 层
邮编：100011　电话：010-64263661　64261528
印　　刷 | 北京毅峰迅捷印刷有限公司　010-89581657
（如发现印装质量问题，请与印刷厂联系调换）
开　　本 | 880 mm×1230 mm　1/32　印　张 | 5　字　数 | 111 千字
版　　次 | 2023 年 9 月第 1 版　印　次 | 2023 年 9 月第 1 次印刷
成品尺寸 | 145 mm×210 mm
定　　价 | 38.00 元

寄　语

让学习数学变得有趣

同学们在学习数学时，经常会问以下两个问题：

“为什么要学数学？”

“学好数学有什么意义？”

本书将带领同学们从历史中寻找这两个问题的答案。

为什么要学数学？

如果你问那些觉得“数学很难学”的学生，学数学辛苦的原因，他们中的大部分人都会回答“真的不明白，为什么要学数学”。这大概是因为他们认为方程式、函数、曲线等数学概念，不仅理解起来很难，而且辛辛苦苦地学完之后，在日常生活中也派不上用场。

实际上，数学的概念、原理、法则等，都跟我们生活的这个世界密切相关，而且所有的数学概念的形成、数学原理和法则等在被发现时，都有它的历史性、数学性、科学性的背景。我们之所以不知道为什么要学数学，是因为我们不理解数学概念的形成，以及数学原理和法则被发现的背景，而只是学习前人已取得的数学成果。数学可以被用来解决生活中遇到的各种问题，例如如何预防传染病、如何取得战争的胜利、如何理解宇宙万物等各式各样的问题。

数学概念的形成，以及数学原理和法则被发现的历史，从古代到中世纪再到近代，一直延续到我们当今社会。在历史的长河中，数学是怎么发展的？它又给社会带来了何种变化？本书将一一说明。在这个过程中形成的数学概念，后来是如何扩充并发展到现在的？本书也会进行补充说明。通过本书，我们能知道数学概念是如何形成的，数学原理和法则是如何被发现的，以及数学给我们的生活带来的各种变化，进而就能理解学习数学的必要性。

学好数学有什么意义？

为了学好数学，我们必须理解数学的概念、原理、法则，等等。但是，在数学考试中取得满分的人，我们能说他数学学得好吗？世界上数学学得最好的人，就能解开最难的问题吗？

数学家们会灵活运用已有的数学概念、原理、法则来得到新的解题方法，或者提出新的概念、推出新发现的原理和法则。创造新的数学方法和提出新的数学概念的能力并不是通过背诵数学的定义和认真解答数学题就能培养出来的。我们的身边乃至我们的社会存在着哪些问题？如何从数学的角度来解决这些问题？这就需要我们拥有更为宽广的胸襟和视野了。因此，为了学好数学，不仅要理解数学的概念、原理、法则，还要了解我们生活中出现的社会现象和存在的问题。本书同时向大家介绍数学家们利用数学改变世界的过程。大家可以通过有趣的数学故事，理解学好数学的意义。

数学并不只有教科书上的符号和公式，还有历史和社会以及现实生活中我们赖以生存的重要原理。期待大家通过本书，能够对数学有新的认识，在探索和发现中体验到乐趣。

前　言

谈到中世纪的欧洲，经常会出现“罗马帝国”一词，并且它有很多个名称，比如古罗马、东罗马、西罗马等。我们通常所说的罗马帝国指的是，公元前 27 年至公元 395 年这段时期，一个统治了跨越欧、亚、非三大洲的庞大国家。

395 年，罗马帝国分裂为东罗马帝国和西罗马帝国。国力较弱的西罗马帝国于 476 年灭亡；与此相反，东罗马帝国延续了一千余年，最终于 1453 年灭亡。东罗马帝国又被称为拜占庭帝国。

以罗马帝国为中心的欧洲中世纪，通常被称为“数学的黑暗期”。这不仅是因为受当时只重视实用数学的社会风气影响，还因为当时的基督教拒绝人们从科学的角度探索自然现象。统治中世纪欧洲的基督教，认为自然现象是神的意旨，对自然现象进行分析或者探索被视作亵渎神灵的行为。

不过，我们现在使用的罗马帝国的日历、建筑技术等实用数学仍在不断发展。另外，与中世纪欧洲的数学经历着黑暗期不同的是，在阿拉伯半岛，人们将古希腊的数学和古印度的数学融合在一起，加快了数学发展的步伐。阿拉伯数学在中世纪结束之际回传到欧洲，对欧洲数学和科学的复兴起到了重要的作用。

本书讲述了在中世纪的欧洲数学得不到正常发展的原因，以及阿拉伯数学能够传到欧洲的历史背景和其间的数学发展史。

目　录

第1章　日历和建筑技术

为什么日历上会有罗马皇帝的名字呢？

第2章

基督教和印刷术

基督教为什么反对数学研究呢?

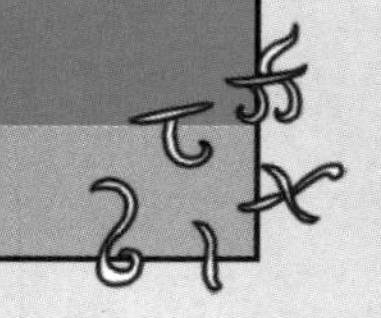

第3章 阿拉伯数字和斐波纳奇数列

中世纪的欧洲是如何接受阿拉伯数字的呢？

第4章 统计和概率

传染病是如何促使统计学发展的呢?

第5章 方程式和代数学

经济发展与数学发展有何关联呢?

第6章 几何学和透视法

文艺复兴时期，欧洲是如何改变的呢？

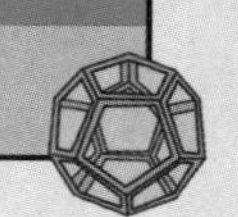

第1章

日历和建筑技术

为什么日历上会有罗马皇帝的名字呢？

Calendar

“罗马不是一天建成的。”

“条条大路通罗马。”

“如果来到罗马，就得遵守罗马法。”

与罗马相关的谚语何其多！这里提到的“罗马”，是指以西方文明为基础的罗马帝国。

为当今西方政治制度奠定了基础的罗马共和制、为罗马法奠定了基础的《十二铜表法》，还有至今都为人称赞的宏伟建筑艺术……这些都是古罗马人的杰作。

古罗马人建立了庞大的帝国，同时为西方文化走向近代社会奠定了基础。但是，为了能有效统治帝国的庞大疆域，需要有明确的、实质性的法律。不知道是否基于这个原因，与重视逻辑思考的古希腊数学不同，古罗马数学是以生活实用为中心发展起来的。

虽然没能创造出全新且让人感到晦涩难懂的数学概念，但是从古罗马时期发展而来的实用数学，有一部分在我们的现代生活中仍然发挥着作用。那么，在古罗马的历史中，数学起到了什么样的作用呢？古罗马数学又是以什么形式出现在我们的生活中的呢？我们一起往下看吧。

1. 从古希腊数学回到古埃及数学

据记载，公元前 753 年，罗慕路斯（Romulus，前 771—前 716）创建了一个新的王国并用自己的名字将其命名为罗马。经过 700 多年的征战，到公元前 27 年，罗马发展成为一个庞大的帝国，它统治了包括意大利在内的欧洲大部分地区、地中海南边包括埃及

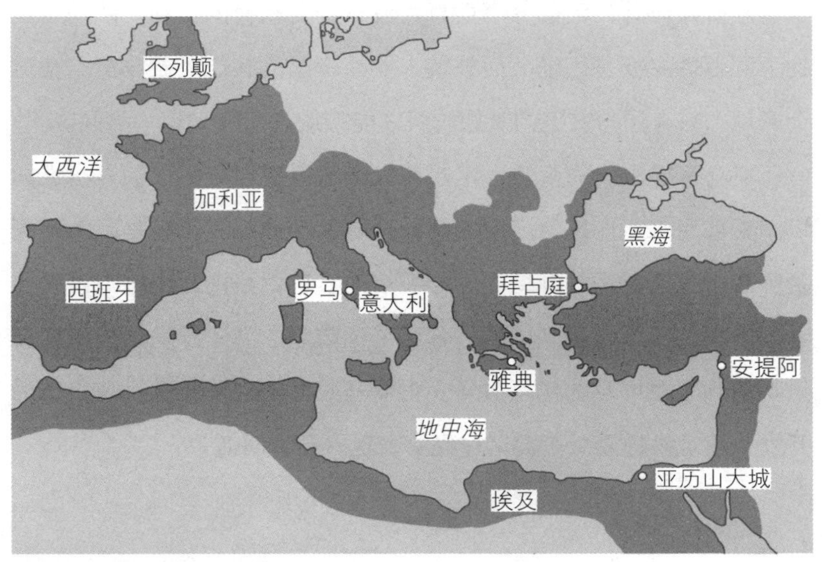

罗马帝国鼎盛时期的庞大疆域示意图
罗马帝国统治了欧洲的大部分地区、北非及西南亚的一部分地区。

在内的北非地区，以及波斯等国家和地区。

罗马帝国为了管理新增的、面积比自己原先的领土多出数十倍乃至数百倍的统治区内的众多民族，采取了软硬兼施的政策：一方面使用适度包容的怀柔政策，另一方面使用严刑峻法的强硬政策。

罗马帝国采用的怀柔政策就是，对多样化的民族习俗和不同宗教信仰予以认同。古罗马人一直认为：神是帮助人类的一种存在，神是越多越好的，皇帝死后也会被当作神来供奉。因此，古罗马人以尊重皇帝的权威为条件，认可了各民族的宗教，并保障宗教活动自由。如果有国家层面的宗教活动，只要有罗马市民参与即可。

罗马帝国使用的强硬政策之一就是坚决维护社会等级制度。除了贵族阶级以外，大部分下层百姓没有接受教育的权利。罗马帝国的下层百姓主要是因征战而被编入罗马帝国的其他民族成员。在这个时期，只有懂得文字的贵族阶级才能接触和研究知识、学问。

罗马帝国时代的数学，比起被当作探究概念和原理的哲学性知识，更被用来当作统治庞大的罗马帝国的实用工具，它是以土地测量等实际生活所需的领域为中心发展的。也就是说，经过杰出的学者们的研究而奠定了基础的古希腊论证数学，到了罗马帝国时期又重新回到了古埃及的实用数学。古罗马数学的这种特征，在日历的开发、建筑物的测量等实用过程中表现得非常明显。

2. 古罗马日历

构成宇宙的恒星（如太阳）、行星及其卫星（如月亮）等统称天体。据测算，地球绕着太阳公转，周期为 1 年；月亮绕着地球公转，周期为 30 天左右。利用这些天体的运转规律来测量时间流逝的方法，叫作历法。历法的“历”字是“经过，流动”的意思，“法”是“法则”的意思。它的含义是：以天体的恒定运动周期为基础来表示时间和日期顺序的方法。

以地球绕太阳公转周期为基础制定的历法叫作太阳历，以月亮绕地球公转周期为基础制定的历法叫作太阴历。对于农业耕作而言，通过计算日期来预测季节非常重要。虽然通过观察天体的运动周期来编制日历的工作，从古代美索不达米亚文明时期和古埃及文明时期就开始了，但是，我们现在使用的日历形态和表示月份的 January（1 月）、February（2 月）等英语单词，全都是从古罗马时期得来的。我们每天都使用的日历中，也留有重视实用性的古罗马数学的痕迹。

罗马帝国并不是一开始就使用与我们现在一样的日历。在罗马帝国，主管祭祀的祭司看到新月初升就会吹起角笛，宣布每月第一天到来。经过吹笛宣布的第一天称为“calend”，意为“宣布”。“calend”是英语单词“calendar”（日历）的语源。

祭司只通过初升的月亮来定日期的方法是不准确的。因此，古罗马人就错将一年分为 10 个月，错将一年算作 304 天，而严冬时的 61 天干脆就没有包含在日历中。古罗马人这种日期计算法上的错误，在当时使用的各个月的名称中也能被发现。

Martius（1月）	31天	Sextilis（6月）	30天
Aprilis（2月）	30天	September（7月）	30天
Maius（3月）	31天	October（8月）	31天
Junius（4月）	30天	November（9月）	30天
Quintilis（5月）	31天	December（10月）	30天

古罗马日历

在古罗马最初的日历中，1 年分为 10 个月。

同我们现在说的 1 月、2 月、3 月一样，古罗马人给每个月都按顺序定了名称。现在使用的分别代表 9 月、10 月、11 月、12 月的英语单词 September、October、November、December，在古罗马时原本的含义分别是第 7 个月、第 8 个月、第 9 个月、第 10 个月。其中，October 中的“oct”，表示数字 8 的词根；December 中的“de”，表示数字 10 的词根。

公元前 700 年左右，努马 · 庞皮留斯成为国王后，参考古希腊的日历，改革并使用了新的罗马日历，将 1 年分为 12 个月。新增加的两个月，分别排在 1 月的前面和 10 月的后面。原本使用的 1 月至 10 月的名称继续使用，新增加的第一个月被定名为 Januarius，意为“献给门神雅努斯”。这是因为在古罗马，门具有开始的含义。新增的最后一个月被定名为 Februarius，意为“迎接新年、所有东西都整理得干干净净”，源于“清洁”的拉丁文“Februs”。此后，“将所有的东西都整理干净”的意义转变成了迎接新年的仪式。就这样，在排名上，原先的第一个月变成第二个月，即变成现在使用的 1 月（January）后面的 2 月（February）。

经过这样的改革，在古罗马日历中，1 年有 12 个月，共计 355 天。很明显，日历中的天数比实际上的 1 年（365 天）少了 10 天。于是，国王给了祭司一个权限，让他可以将每年日历中少了的 10 天的天数放入任何一个月份里，或者再创造一个闰月。只是，祭司为了增加或者减少高层公职人员的任期，经常滥用这一权力而随意改动日历，以致成了一个社会问题。

3. 儒略历的使用

罗马共和国时期，执政者不仅需要更高的生活便利性，为整顿国家纲纪，还需要更准确的日历。公元前 48 年，罗马共和国将军盖乌斯 · 尤利乌斯 · 恺撒（Gaius Julius Caesar，前 102 或前 100—前 44）征服了古埃及，当看到古埃及准确的日历后，他就下令改编罗马日历。

古埃及人根据尼罗河周期性的泛滥悟出了关于 1 年和 1 天的概念，制定了属于自己的日历，并于实际生活中使用。古埃及人通过观察月亮得知，月亮圆缺变化的一个完整周期约为 29 天 13 个小时。以此为基础，他们制定出一个月的长度为 30 天、一年的长度为 365 天的太阳历。

恺撒对当时的文化中心——亚历山大城的天文学家索西琴尼（Sosigenes，生活于公元前 1 世纪）下令，让他制定新历。新历的主要内容是：1 年为 365.25 天，每隔 3 年设一闰年，平年 365 天，闰年 366 天。闰年多出的 1 天，是将没有计算进平年的 0.25 天一次性相加得出的。这样的计算法，我们至今都在使用。

就这样，罗马共和国的日历变为：闰年时，1 月和 3 月这样的奇数月是 31 天、2 月和 4 月这样的偶数月是 30 天，1 年为 366 天；平年时，将 2 月减少 1 天，变为 29 天，1 年就是 365 天。该日历是现代日历的基础，由于它是恺撒下令制定的，所以人们取恺撒姓名中的 Julius（又译为“儒略”）来命名它。这就是儒略历的名称的由来。

竖立在意大利都灵的恺撒铜像

人们为了纪念恺撒，将他出生的 7 月取了个新的名字：“Julius”。这也是现在将 7 月叫作“July”的原因。

4. 格里历登场

在西方，儒略历一直被使用到16世纪末。我们现在知道，地球绕太阳公转一周所需的时间约为365.2422天。由于儒略历是以1年365.25天来计算的，所以每年都有11分钟左右的误差。[①] 这样小的误差渐渐累积，到1500年时，竟出现了复活节的日期与《圣经》里记录的日期相差10天左右的情形。由此，问题出现了。

时任罗马教皇的格里高利十三世（Pope Gregory XIII，1502—1585）为了校准日期，下令将1582年10月4日的下一天定为10月15日，并制定了新的日历计算法。这就是迄今为止都在使用的格里历。格里历大致上与儒略历差不多，只是每4年设一个闰年，如果哪一年的年数是100的倍数，那么这一年就被定为平年，如果能再次被400整除，那么这一年就是闰年。于是，每400年间，闰年出现97次。用这样的方法来计算格里历中一年的平均长度，计算公式如下：

$$\frac{365\times 303+366\times 97}{400}=365.2425$$

① 365.25天－365.2422天＝0.0078天
0.0078天×24小时/天×60分钟/小时＝11.232分钟

格里高利十三世纪念碑和在罗马印刷的格里历封面

格里历曾在意大利和天主教国家使用，到 20 世纪，它已在全世界被广泛使用。

就这样，地球绕太阳公转时间和日历之间的误差，被缩小到3000 年只差 1 天的程度。

5. 维特鲁威的《建筑十书》

罗马帝国时期，与设计建筑物有关的实用数学非常发达，而且很多建筑物都是用来满足统治庞大帝国的需要的。例如，建造位于市中心的建筑物时，舍弃了那些华而不实的装饰，而是在每座建筑物上都采取了统一的风格。这样一来，整个城市看起来都井然有序，很好地彰显了帝国的统治力。

罗马帝国的建筑技术可以通过马可·维特鲁威·波利奥（Marcus Vitruvius Pollio，约前 80—前 15）创作的《建筑十书》来见证。这部广为人知的书，即使在现代建筑师眼中，依然是一部伟大的建筑学作品。维特鲁威于公元前 1 世纪时在恺撒的部队服役，是一名出色的建筑师和工程师。

《建筑十书》一共有 10 卷，是一套建筑学论文汇编。书中从城市规划和建筑材料开始，介绍了关于神庙、剧院、浴室等的建筑技术，几乎囊括了建筑领域的方方面面，还将建筑物描述成人体的比例，给出了建筑物的设计建造原理。

维特鲁威在《建筑十书》中把人体称为比例最完美的物体，认为建筑也要参照这样的均衡比例，遵守这样的原理；建筑本来就是为人创造空间的事情，所以要把最完美的人体比例运用到建筑物中。

最早的论坛——古罗马广场

论坛（Forum）是市民的生活空间，也是市民进行政治讨论的广场，这里充分体现了古罗马的建筑哲学。维特鲁威说过，理想的广场既能容纳下大规模群众，又能让小规模群众不觉得空旷，大小正合适。

维特鲁威相信，当人的双臂水平张开时，如果从左手中指尖到右手中指尖的长度与自己的身高一致，就可以绘制出与人体相符的正方形。他还说，以贯穿身体中心的垂线为对称轴，张开双腿，让两脚间的距离为身高的四分之一左右，同时伸直手臂向上抬起，直到中指尖与头顶的高度齐平，就可以画出一个以肚脐为圆心、以肚

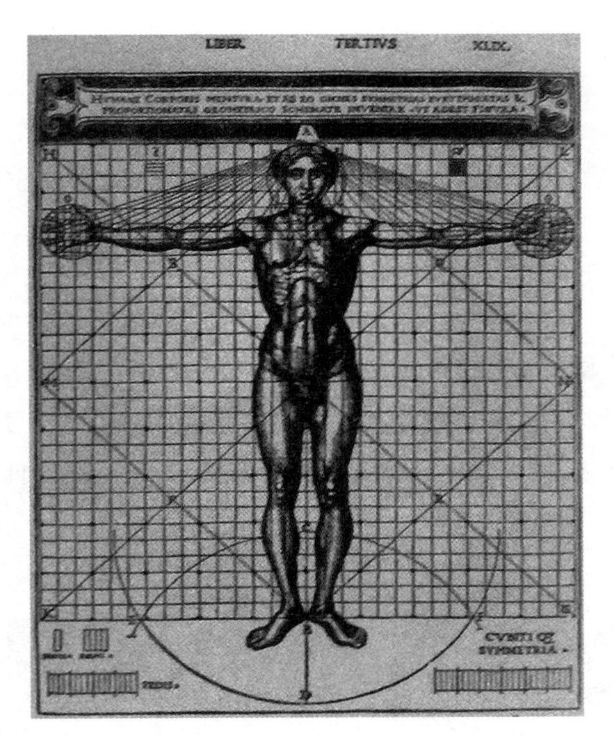

在《建筑十书 · 图解版》一书中，西塞雷 · 西赛里亚诺绘制的《维特鲁威的人体图》

维特鲁威通过《建筑十书》指出，建筑物最理想的比例是从人体的比例中得来的。

脐到中指尖的距离为半径的圆。他同时指出，如果连接肚脐和两脚对称落地点，就会形成一个等腰三角形。

6. 罗马数字

在罗马帝国，出于测量广阔的领土和收税的需要，快速、准确地计算变得尤为重要。为此，使用数字不只是以记录为目的。古罗马人开发出了数字体系，同时使用5进制和10进制来表示。据推测，罗马数字体系是在公元前900年到公元前800年间首次亮相的。

阿拉伯数字及其构成的数	1	5	10	50	100	500	1000
古罗马数字	I	V	X	L	C	D	M
创造的原理	木棍的样子	张开拇指的样子	两个V合在一起的样子	/	100的拉丁文“centum”的首字母	/	1000的拉丁文“mile”的首字母

古罗马人以这些基本数字为基础规定：当一个数中出现左边的数字小于右边的数字时，表示的就是从右边的数字里减掉左边的数字，反之则是相加。例如，数字4，用罗马数字表示就是IIII或者IV。

IIII：1+1+1+1=4

Ⅳ：5−1=4

如果用罗马数字表达大一点的数字，如 1943，分别用加法和减法来表示，其形式如下：

加法

1943=MDCCCCXXXXIII（=M+D+C+C+C+C+X+X+X+X+I+I+I）

1943=1000+500+100+100+100+100+10+10+10+10+1+1+1

减法

1943=MCMXLIIV[= M+（M−C）+（L−X）+（V−II）]

1943=1000+（1000−100）+（50−10）+（5−2）

古罗马人使用罗马数字，不仅标记起来复杂，而且进行加法或者减法等计算时效率低下。因而，诸如测量官和商人这些经常进行计算的人，为了计算快捷，就得随身携带一个叫作“沟算盘”（line abacus）的计算板。它的样式如下页图所示，看起来类似于今天的算盘。

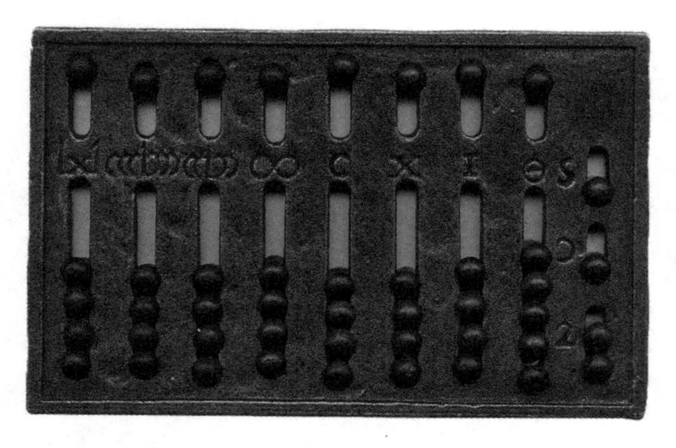

古罗马手提沟算盘

古罗马沟算盘的面板上是多列挖出的条形孔。计算时，条形孔是用来表示位数的，每列条形孔上可以放置多个算珠，这一点与我们今日的算盘基本相同。

沟算盘是在面板上挖出多列条形孔，并在条形孔上摆放算珠用来进行计算的工具。放算珠的条形孔是用来表示位数的。也就是说，在 1 的位数上放上 2 颗算珠就表示 2，在 X 的位数上放上 2 颗算珠就表示 20。

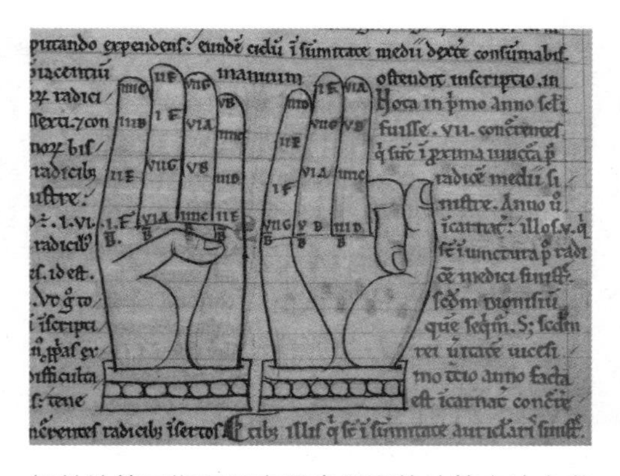

相关计算日期和研究星宿所需的计算方法之书中展示的手指计算法

据推测，该书出版于 11—12 世纪。

另外，古罗马人还利用事先计算出结果的乘法表或者手指来进行四则运算。

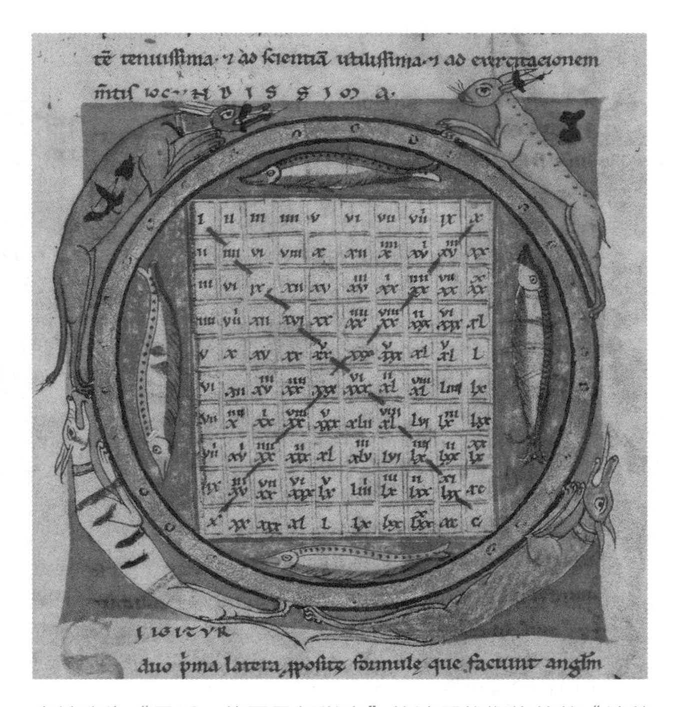

由被称为“最后一位罗马哲学家”的波爱修斯执笔的《论数学》（*De arithmetica*）抄本内页

据推测，该抄本制作于 12 世纪前后。

7. 懒人的乘法计算

罗马数字不仅体系复杂，而且很难进行准确的计算。为此，古罗马人开发了一个用手指就能进行简单的乘法计算的方法，称其为“懒人法则”。大于 5 的数字相乘，即使不用背“九九乘法表”也能轻松地算出乘积。下面，我们就用“懒人法则”计算一下“6 × 7”吧。

1. 一只手握拳，表示数字 5，然后展开 1 根手指，表示数字 6；另一只手也握拳，然后展开 2 根手指，表示数字 7。

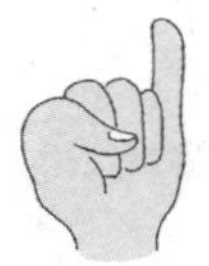

2. 将两手仍弯曲聚拢的手指数相乘。　$4\times3=12$

3. 将两手展开的手指数相加后再乘以 10。　$(1+2)\times10=30$
（也就是将每根展开的手指当作 10 来计算）

4. 将计算出的数值相加。　$12+30=42$

这样计算出来的数值与“6 × 7”的数值相同。如此简单的手指乘法，对从 6 到 9 之间的数相乘都适用。那么，这样的计算方法究竟包含了怎样的数学原理呢？

从上页图看到的 6 和 7 相乘，我们可以用数学符号简单地表示为“6 × 7”。因为 6=10−4，7=10−3，所以我们也可以表示为（10−4）×（10−3）。展开这个公式，即（10−4）×（10−3）=10 × 10−10 × 3−4 × 10+4 × 3。如果将式中前三项的公因数 10 提取出来，原式就变为：10 × [10−（3+4）]+4 × 3。其中 [10−（3+4）]=3，3 就是两手展开的手指数；4 × 3=12，12 就是将两手弯曲聚拢的手指数相乘。也就是说，将两手展开的手指数乘以 10 的结果与弯曲聚拢的手指数相乘的乘积相加，就完成了乘法计算。

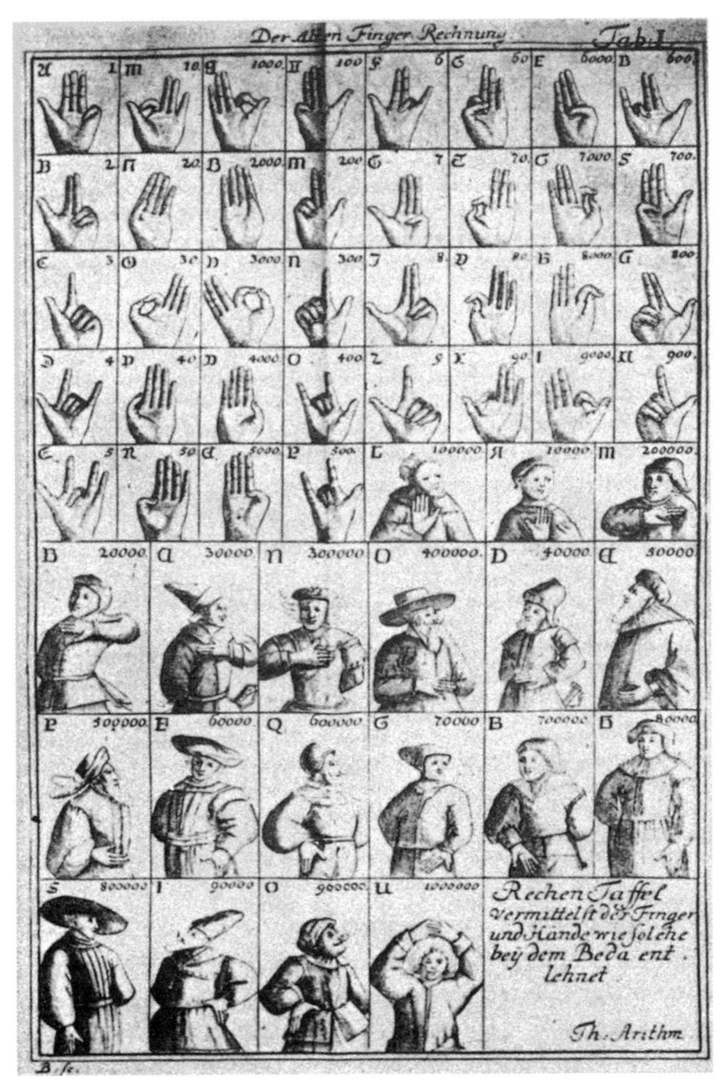

中世纪的欧洲书籍中留有手指计算的痕迹

古罗马人利用手指进行简单的乘法计算。这个方法一直沿用了几个世纪，我们可以在中世纪的欧洲书籍中找到一些痕迹。

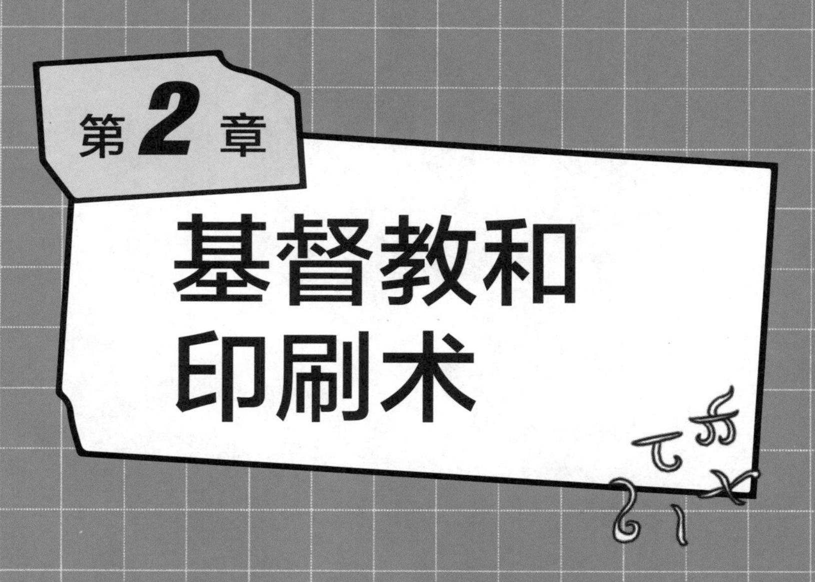

第2章 基督教和印刷术

基督教为什么反对
数学研究呢?

在讲述罗马帝国的历史时，我们绝对不能忽略基督教的影响。

基督教是对信奉耶稣基督为救世主的各教派的统称，它与伊斯兰教、佛教并称为世界三大宗教。中世纪，罗马帝国处在罗马皇帝与基督教的最高领袖——教皇的双重统治之下。

学者们也把欧洲的中世纪称为“数学的黑暗期”，因为那时的数学研究，必须得到基督教认可。因此，当基督教的力量较强时，整个欧洲社会在数学方面并没有诞生令世人瞩目的研究成果。

为此，要想理解中世纪之后欧洲数学能够复兴的历史背景，我们就得先了解中世纪基督教的盛衰变化。

接下来，我们就来了解一下，基督教是如何阻碍数学发展的，以及在古希腊停滞不前的逻辑数学又是如何在欧洲复兴的。

1. 罗马帝国和基督教

在罗马帝国初期，基督教并没有广泛地受到民众欢迎，在罗马帝国广阔的领土上，多样的宗教和文化共存，基督教只是众多宗教中的一员。因为基督徒拒绝崇拜古罗马神和皇帝，所以随着信仰基督教的人数逐渐增加，民众对基督教的谴责声也越来越大。64 年 7 月 18 日，罗马帝国发生了一场长达 6 天的严重火灾。当时的皇帝尼禄（Nero，37—68）将这场火灾归咎于基督徒，并对他们进行了迫害。

时间流逝，直到 313 年，当时的皇帝君士坦丁大帝（Constantinus I Magnus，280—337，又被称为君士坦丁一世）颁布了《米兰敕令》，罗马帝国才停止对基督教的打压并认同了基督教。《米兰敕令》的颁布也标志着任何人都可以根据自己的信仰自由地选择包括基督教在内的任何宗教。自此，基督教迅速发展壮大起来。

到了 380 年，罗马帝国皇帝狄奥多西一世（Theodosius I，347—395）宣布：所有的罗马市民都要信仰基督教。在多种宗教共存的当时，各宗教的领袖之间不断发生冲突，信仰基督教的狄奥多西一世为了减少这样的冲突，颁布敕令，将基督教定为国教，基督教的领袖——教皇由皇帝任命，其权限也由皇帝决定。

2. 君士坦丁大帝的十字架

据说，君士坦丁大帝起初并不怎么喜欢基督教，只因一个意外的“天作之合”而改变了观念。那大约是312年某次临战前一天的晚上，他做了一个梦。在梦里，一位天使将他叫醒，并对他说：“看上面。”他随即抬头望去，发现夜空中悬挂着一个明亮的十字架，上面用希腊语写着“Εν Τούτῳ Νίκα”①。从睡梦中醒来后，他立刻下令在军队的旗帜上添加上自己在梦中看到的十字架的图形，换上新旗帜后的第二天，军队就在战争中取得了重大胜利。

君士坦丁大帝的十字架

君士坦丁大帝看到的十字架，是希腊字母“X”（chi）和“P”（rho）的组合。X和P来自希腊单词“Χριστός”（耶稣）的前两个字母。基于军队取胜这一事实，君士坦丁大帝认为，军队能取得胜利，依靠的是耶稣的力量。因此，他通过颁布《米兰敕令》认同了

① 它的拉丁语广为人知：“In Hoc Signo Vinces”（用此标志取得胜利吧）。

皮耶罗·德拉·弗朗西斯卡创作的《君士坦丁之梦》(约作于 1460 年)

睡着的君士坦丁大帝上方出现了天使，该画为(意大利)阿雷佐市圣弗朗西斯科教堂中的壁画作品。

基督教，从而停止了对基督徒的迫害。我们不知道君士坦丁大帝是否真的在梦里见到了十字架，我们能知道的是，他宣称自己受到神的眷顾这件事，对于强化皇权起到了很大的作用。

此后，基督教的力量逐渐强大，基督教教皇拥有了与皇帝一样甚至超越皇帝的强大权力。当时的基督教认为，自然现象都是上帝的旨意，想用数学或科学去做分析，是违反基督教精神的。因此，当时有很多数学家、科学家被处决。在中世纪的欧洲，基督教的修道士们成为唯一被允许学习数学的成员——为了管理教会的财政，他们用古罗马手提沟算盘进行简单的计算。

3. 被称为“恶魔”的数学家

在基督教统治下的中世纪欧洲，只有少数人仍然坚持研究数学，法国的热尔贝（Gerbert of Aurillac，约 945—1003）就是其中的代表之一。他曾将欧几里得（Euclid，约前 330—前 275）的古希腊语《几何原本》翻译成拉丁文，还一度登上教皇宝座，被称为西尔维斯特二世（Sylvester Ⅱ，999—1003 在位）。

身为优秀的数学家，热尔贝不仅研究了数字 0，还制作了算盘、钟表、风琴等器物，也研究过占星术、算术、几何学等多个学科领域。除了将欧几里得的古希腊语《几何原本》翻译成拉丁文，他还对古希腊和阿拉伯的数学书籍进行了研究。

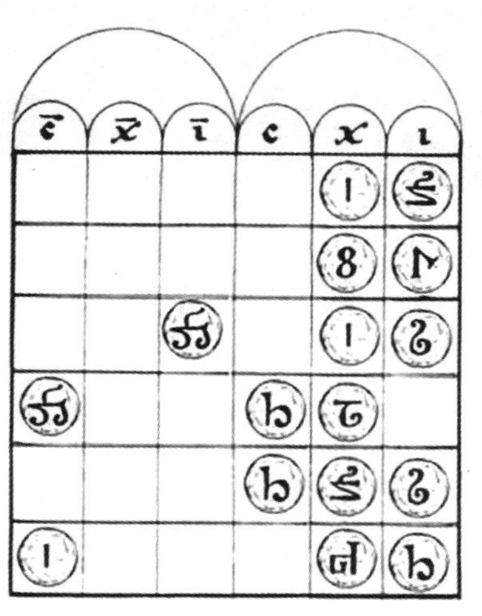

热尔贝制作的算盘

热尔贝整理出了计算等边三角形面积的定理，为了观测天象和研究天文学，他还与朋友一起制作了浑天仪。据说，他知道地球是圆的这一事实，而且还解释了乐器的特性和原理。不仅如此，他还利用阿拉伯数字和加减乘除运算的原理，制作了算盘。虽然在古罗马时代就有沟算盘，但他是欧洲第一个利用阿拉伯数字制作算盘的人。

仔细看热尔贝制作的算盘，可以看到除了 1 和 8，其他数字与我们现在使用的阿拉伯数字不同。但是，如果将各个数字都稍微旋转一下，就会发现它们和现在的数字有点儿类似。

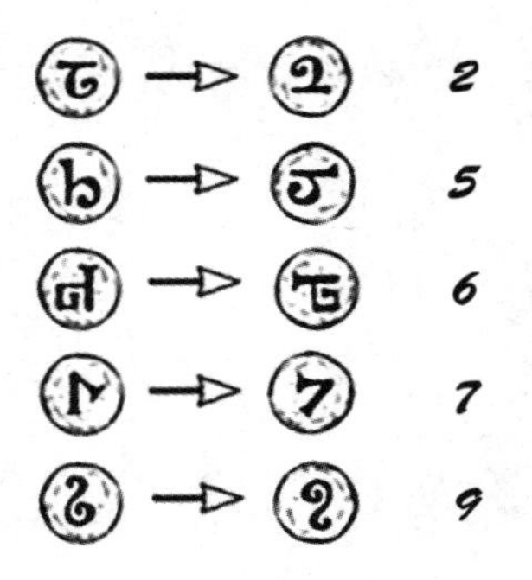

然而，热尔贝之后的教皇们一而再地将数学和科学视为违背神旨的活动。由于热尔贝将阿拉伯数学和科学知识传播到神圣的欧洲，他甚至被后任的教皇打上了“巫师”和“恶魔崇拜者”的烙印。以教皇为中心的欧洲社会，别说将古希腊和阿拉伯的书籍进行集中翻译了，就连前人翻译好的书籍都被毁损了，以至于中世纪结束之后的几百年间，热尔贝取得的数学与科学成就都被欧洲社会遗忘了。

将灵魂卖给恶魔的热尔贝（约作于 1460 年）

4. 基督教的衰落

由于十字军东征失败和有关赎罪券的贩卖活动等带来的不利影响，统治中世纪欧洲社会的基督教教会逐渐失去其统治力量。十字军东征是基督教教会发动的一系列宗教战争。各国派遣的军队以十字军的名义，围绕着黎凡特地区的支配权与伊斯兰军队展开战争。

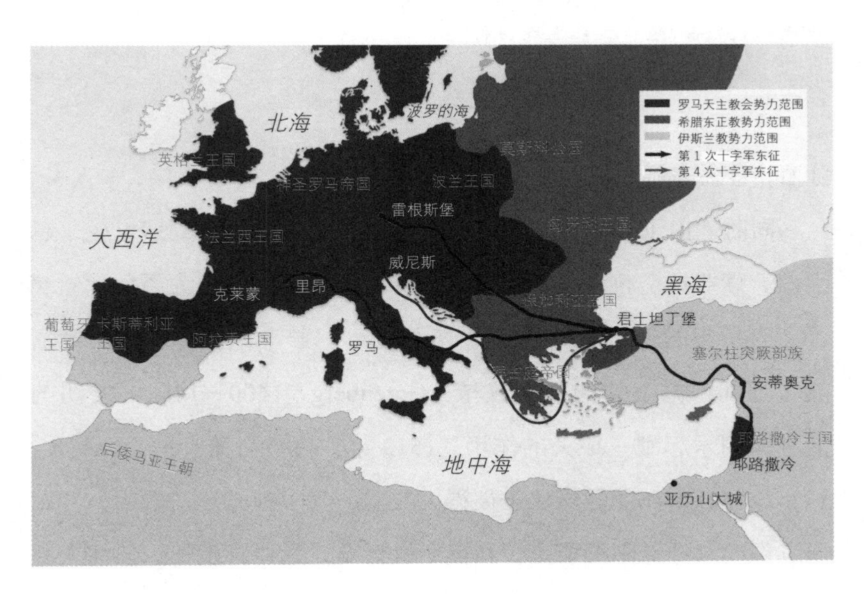

十字军东征路线示意图

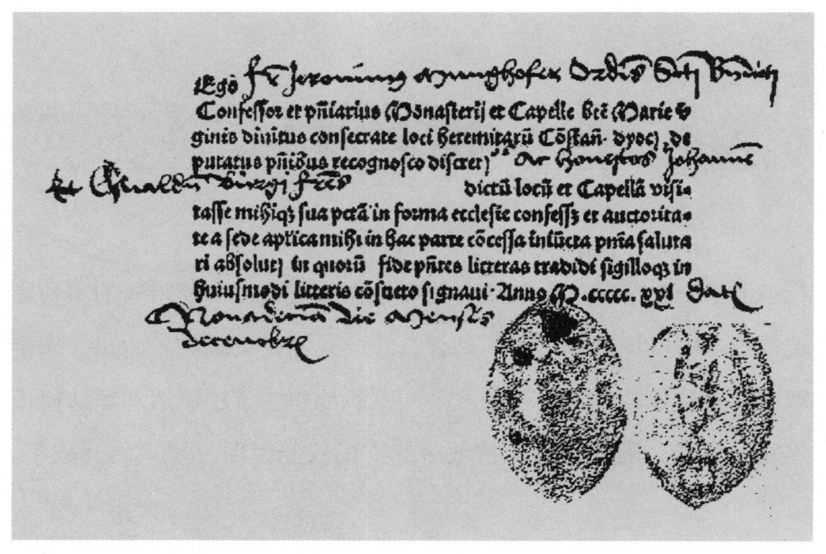
Ego
Confessor et pñiarius Monasterij et Capelle btē Marie v
ginis diuitus consecrate loci heremitarū Cōstañ· dyoc) de
putatus pñidus recognosco discret)
dictū loci et Capellā visi
tasse michiqz sua pctā in forma ecclesie confessi3 et auctorita
te a sede aplica mihi in hac parte cōcessa iniūcta pnia saluta
ri absolut) In quorū fide pñtes litteras tradidi sigilloqz in
huiusmodi litteris cōsueto signaui· Anno M.ccccc.xxi

罗马教廷发行的赎罪券（1521 年制作 ）

随着十字军东征失败，教皇也逐渐失去威信。

同时，由于赎罪券的销售，人们对基督教的抵触心理也越来越强烈。赎罪券是教会发行的可抵免罪罚的凭证，本是为了免除做慈善之人所犯的轻微罪行的。到 15 世纪时，整个欧洲都在销售赎罪券。其间，德国约翰 · 谷登堡（Gutenberg，1400—1468）发明的活字印刷术起到了很大的作用。1513 年，教皇利奥十世（Leo X，1475—1521）在罗马修建圣彼得大教堂，为了补充建造费用，开始通过售卖赎罪券筹集资金。利奥十世宣布，只要肯出钱，任何人都可以购买赎罪券。

5. 谷登堡的印刷术

直到 14 世纪，欧洲在制作书籍时大都使用羊皮纸和牛皮纸。羊皮纸和牛皮纸是指将羊皮和牛皮摊薄铺开后，代替纸张来使用。利用长在尼罗河边的纸草制成的古埃及纸草纸，很容易因为湿气而破损。相反，羊皮纸和牛皮纸具有韧性且耐用。但是，羊皮纸和牛皮纸的价格很贵。由于用 1 只羊（或 1 头牛）只能制作 4 张羊（牛）皮纸，所以要制作 1 卷《圣经》，就需要 200 ~ 300 只羊（或 200 ~ 300 头小牛）。在印刷术发明之前，要制作 1 卷 1200 页的书，需要两名写手花上整整 5 年时间才能把字一一写在上面。

谷登堡生活的时代，中国发明的纸张已经出口到欧洲。得益于这些纸张，书籍的价格下降了很多。自然而然地，人们对书的需求也增多了。同时，中国毕昇（972—1051）发明的活字印刷术也传到了欧洲。受其启发，谷登堡于 1450 年继续改进了活字印刷术。缘此，赎罪券能够被大规模生产。1455 年，《圣经》开始被大量印刷出版。因此，造纸术和印刷术被称为改变世界历史的重大发明。

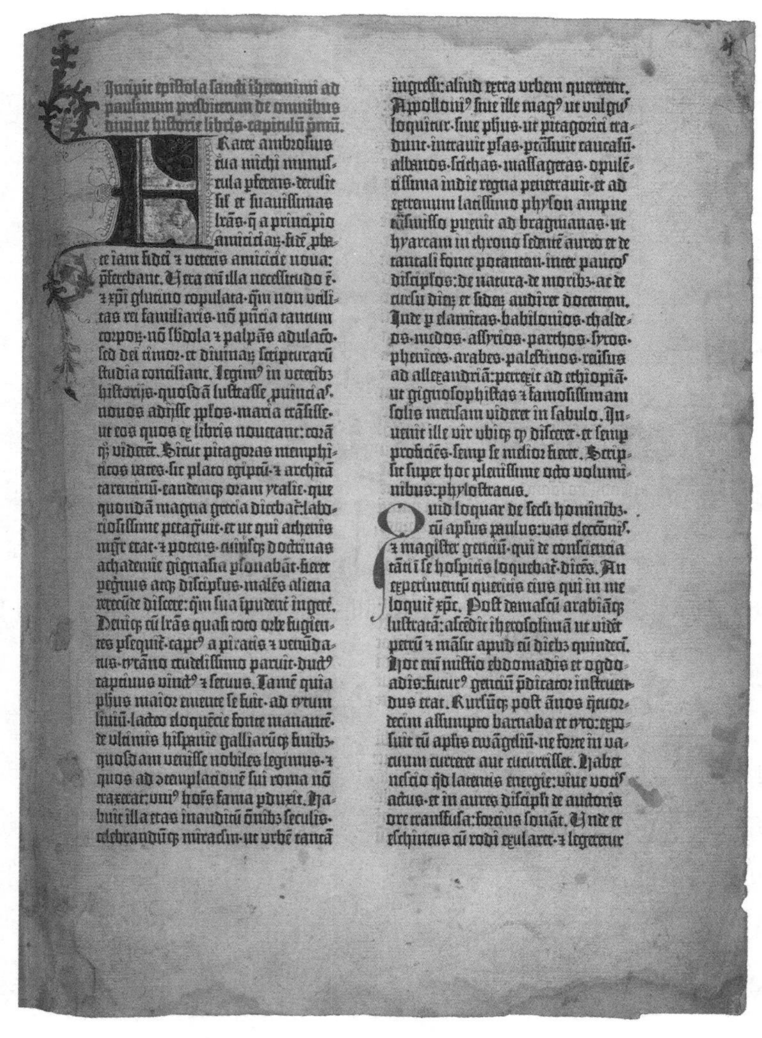

用谷登堡的活字印刷术印刷的《圣经》内页

6. 中国发明的纸张是怎样在欧洲传播的呢?

尽管早在东汉年间，中国就拥有了较为成熟的造纸术，但是直到 751 年左右，造纸术才通过怛罗斯之战传播到欧洲。751 年，高仙芝（？—756）将军率领以唐朝军队为主的同盟军与不断东进的阿拉伯军在现在的吉尔吉斯斯坦和哈萨克斯坦交界处的怛罗斯城展开了对决。

当时，中亚一带还是唐朝领土，当怛罗斯被阿拉伯势力占领之后，唐朝朝廷下令高仙芝将军去收复失地。早在 668 年，唐朝军队灭了高句丽并俘虏了很多高句丽人，而高仙芝是其中某个俘虏的儿子。当时，高仙芝率领的兵力不过 2.4 万人，而阿拉伯军队有 10 万之众，由于敌众我寡，唐朝军队在这场对决中战败了。胜利的阿拉伯军队抓走了很多俘虏，其中就包括一些掌握造纸技术的人。

这些人被抓后，被安排到如今乌兹别克斯坦的撒马尔罕生活。他们利用这里的棉花制出了麻纸，又称“撒马尔罕纸”。在撒马尔罕的锡尔河流域，他们陆续建造了 300 家造纸工厂，并生产出了大量高质量的撒马尔罕纸。

以怛罗斯之战为契机，中国的造纸术传播到了中亚地区。从 8

世纪末到 11 世纪末，造纸术一路传播到伊拉克的巴格达。900 年左右，埃及的亚历山大城建立了造纸厂；1100 年，摩洛哥的菲斯也建立了造纸厂。造纸术传到欧洲的西班牙、法国、意大利、德国和英国则是在 12 世纪中期之后了。造纸术的发明也促进了印刷术的发明。早在 7 世纪末，中国唐朝就出现了雕版印刷术；北宋年间（10 世纪左右），毕昇发明了泥活字印刷术；而直到 15 世纪中叶，谷登堡才发明铅活字印刷术。

7. 金属活字和未知数 x

谷登堡的印刷术是利用金属（铅）活字的印刷术。所谓金属活字，就是先制作出字母的金属字模，然后将单词需要的金属字模组合起来。如“apple”这个单词，要把它印刷在纸张上，就要先找到刻有字母“a”“p”“l”“e”的金属字模，然后将这几个字模放在印版上组合成单词并涂上印墨，最后压印到纸上。据悉，利用金属活字印刷术给表示数学方程式中的未知数 x 带来了很大影响。在方程式中，不知道的数称为未知数，下例中的“某个数”就是指未知数，用字母 x 来表示。

某个数加上 3 得出的数值是 8，用公式表示就是：$x+3=8$。

在法国数学家勒内 · 笛卡尔（René Descartes，1596—1650）之前，每个数学家对“某个数”的表示方式都不相同，有用字母表示的，也有用□、△这样的符号表示的。由此带来的问题是，因为每个数学家使用的符号都不一样，所以人们看到公式时，并不能马上得知其中的符号表示的意思。于是笛卡尔提议，在表示公式里的未知数时，从字母 x 开始按顺序使用字母。自此，在表示未知数时，数学家们开始按照这一提议执行。如上例，某个数加上 3 得出的数值是 8，其公式表示为：$x+3=8$。

再如，两个互不相同的未知数相加，值是8，其公式表示为：$x+y=8$。

又如，三个互不相同的未知数相加，值是8，其公式表示为：$x+y+z=8$。

至于笛卡尔为什么从x开始表示未知数，人们有各种不同的推测，金属活字就是被推测的原因之一。据说，在法国，x不被经常使用，所以在印刷所剩余了很多的x字模，笛卡尔就用这些剩下的x字模来表示公式里经常出现的未知数。

8. 数的表示规则和从 a 开始

除了从字母 x 开始来表示公式中的未知数外，笛卡尔还提议，在表示数的运算规则时，按照字母顺序从第一个字母 a 开始表示。举例来说，我们对于“两个自然数相除，其值可以用分数来表示”这一规则，如果用具体的数字，比如用 $7\div8=\frac{7}{8}$来表示，就会产生这样的疑惑：是所有的数都能用分数来表示呢，还是只有 $7\div8$ 具有特殊性，可用$\frac{7}{8}$来表示呢？为了防止产生这样的疑惑，在对数的运算规则进行说明时，从第一个字母 a 开始，按顺序使用字母来表示。即，任意自然数 a、b 相除，表达式为：$a\div b=\frac{a}{b}$。

上式可以理解成：用任意自然数替换 a 和 b，都能写为 $a\div b=\frac{a}{b}$。

另外，除了表示公式中需要求出的未知数（x、y、z），或者表示数的运算规则（a、b、c、d……）外，还可用 k、p、q 等任意字母来表示数。

9. 宗教改革

谷登堡发明的铅活字印刷术，给数学发展和中世纪时期的宗教改革均带来了很大的影响。当时的宗教改革是曾任维登堡大学教授的马丁·路德（Martin Luther，1483—1546）发起的。1517 年，马

AMORE ET STVDIO ELVCIDANDAE
ueritatis hæc ſubſcripta diſputabunt Vuittenbergæ, Præſidēte R. P. Martino Luther, Artiū & S. Theologiæ Magiſtro, eiuſdemq; ibidem lectore Ordinario. Quare petit ut qui non poſſunt uerbis præſentes nobiſcum diſceptare, agant id literis abſentes. In nomine domini noſtri Ieſu Chriſti. Amen.

i Dominus & Magiſter noſter Ieſus Chriſtus, dicendo pœnitentiā agite &c. omnem uitam fidelium, pœnitentiam eſſe uoluit.
ij Quod uerbū pœnitentia de pœnitentia ſacramentali (.i. confeſſionis & ſatiſſactionis quæ ſacerdotum miniſterio celebratur) non poteſt intelligi.
iij Non tamen ſolā intēdit interiorē; immo interior nulla eſt, niſi foris operetur uarias carnis mortificationes.
iiij Manet itaq; pœna donec manet odium ſui (.i. pœnitentia uera intus) ſcilicet uſq; ad introitum regni cælorum.
v Papa non uult nec poteſt, ullas pœnas remittere; præter eas, quas arbitrio uel ſuo uel canonum impoſuit.
vj Papa nō poteſt remittere ullam culpā, niſi declarādo & approbando remiſſam a deo. Aut certe remittēdo caſus reſeruatos ſibi, quibus contēptis culpa prorſus remaneret.
vij Nulli prorſus remittit deus culpam, quin ſimul eum ſubijciat humiliatum in omnibus ſacerdoti ſuo uicario.
viij Canones pœnitentiales ſolū uiuentibus ſunt impoſiti; nihilq; morituris, ſecundū eoſdem debet imponi.
ix Inde bene nobis facit ſpiritusſanctus in Papa: excipiēdo in ſuis decretis ſemper articulum mortis & neceſſitatis.
x Indocte & male faciūt ſacerdotes ij, qui morituris pœnitētias canonicas in purgatorium reſeruant.
xj Zizania illa de mutanda pœna Canonica in pœnā purgatorij, uidentur certe dormientibus Epiſcopis ſeminata.
xij Olim pœnæ canonicæ nō poſt, ſed ante abſolutionem imponebantur, tanq; tentamenta ueræ contritionis.

DISPVTATIO DE VIRTVTE INDVLGEN.
xiij Morituri, per mortem omnia ſoluunt, & legibus canonū mortui iam ſunt, habentes iure earū relaxationem.
xiiij Imperfecta ſanitas ſeu charitas morituri, neceſſario ſecum fert magnū timorem, tātoq; maiorē, quāto minor fuerit ipſa.
xv Hic timor & horror, ſatis eſt, ſe ſolo (ut alia taceam) facere pœnam purgatorij, cum ſit proximus deſperationis horrori.
xvj Videntur, infernus, purgatorium, cælum differre; ſicut deſperatio, prope deſperatio, ſecuritas differunt.
xvij Neceſſarium uidetur animabus in purgatorio ſicut minui horrorem, ita augeri charitatem.
xviij Nec probatū uidetur ullis, aut rationibus, aut ſcripturis, q̄ ſint extra ſtatum meriti ſeu augendæ charitatis.
xix Nec hoc probatū eſſe uidetur, q̄ ſint de ſua beatitudine certæ & ſecuræ, ſaltem oēs, licet nos certiſſimi ſimus.
xx Igit̄ Papa per remiſſionē plenariā omniū pœnarū, non ſimpliciter omniū intelligit, ſed a ſeipo tm̄modo impoſitarū.
xxj Errant itaq; indulgentiarū prædicatores ij, qui dicunt per Papæ indulgentias, hominē ab omni pœna ſolui & ſaluari.
xxij Quin nullam remittit animabus in purgatorio, quā in hac uita debuiſſent ſecundum Canones ſoluere.
xxiij Si remiſſio ulla omniū omnino pœnarū pōt alicui dari; certū eſt eam nō niſi perfectiſſimis .i. pauciſſimis dari.
xxiiij Falli ob id neceſſe eſt, maiorem partē populi: per indifferentē illam & magnificam pœnæ ſolutæ promiſſionem.
xxv Qualē poteſtatē habet Papa ī purgatoriū gn̄aliter talē habet qlibet Epiſcopus & curatus in ſua dioceſi, & parochia ſpāliter.
i Optime facit Papa, q̄ nō poteſtate clauis (quā nullam habet) ſed per modum ſuffragij, dat animabus remiſſionem.
ij Hominē prædicant, qui ſtatim, ut iactus nūmus in ciſtam tinnierit, euolare dicunt animam.
iij Certū eſt nūmo in ciſtam tinniente, augeri quæſtum & auariciam poſſe; ſuffragiū aūt eccleſiæ eſt in arbitrio dei ſolius.
iiij Quis ſcit ſi omnes animæ in purgatorio uelint redimi, ſicut de ſancto Seuerino & paſchali factum narratur?
v Nullus ſecurus eſt de ueritate ſuæ contritionis; multo minus
a ij

马丁·路德的《九十五条论纲》条文

丁 · 路德批判销售赎罪券，并指出一个人拥有赎罪券绝对不能消除罪恶感，对炼狱的灵魂也产生不了任何效力，即使是教皇也没有免除人的罪恶的权力。随后，他将写有这些内容的《九十五条论纲》贴在维登堡大学的正门上。

教皇对这样的“论纲”非常愤怒，指责马丁 · 路德是“跳入上帝葡萄园的野猪”，并开除其基督教教籍。但是马丁 · 路德并没有屈服，而是将自己的主张制成出版物，以告知全世界。这时，谷登堡发明的印刷术就起到了非常重要的作用。无论是教会销售的赎罪券，还是载有马丁 · 路德批判赎罪券内容的宣传物，都得益于谷登堡的发明。

马丁 · 路德的主张扩散到了整个欧洲，逐渐演变成对基督教的批判，进而带来了宗教改革。由此诞生了反对既有罗马天主教会的新教（耶稣教），罗马教会的权威也倒塌了。

支配中世纪的基督教地位的下降，为欧洲迎来了数学和科学发展的重要契机。1513 年，哥白尼（Copernicus，1473—1543）通过其著作《天体运行论》提出了日心说。他指出，并非太阳围绕着地球转，而是地球围绕着太阳公转。1609 年，伽利略（Galileo，1564—1642）改良了望远镜并制作出天文望远镜。他通过一系列的天文观测，于 1632 年出版了《关于托勒密和哥白尼两大世界体系的对话》一书，以更为严谨的方式进一步捍卫了日心说。然而，罗马教会并没有认同他的主张，反而以亵渎神灵罪将他送上了法庭。在法庭上，伽利略以自己的望远镜观测的结果为基础，主张《圣经》的内容没有必要和实际自然现象完全一致。伽利略的捍卫行动，使得后续的知识分子逐渐脱离罗马教会和《圣经》，开始探索自然本身，自此，罗马教会的力量日趋衰弱。

10. 数学书籍增加

在印刷术普及之前，数学家们的研究成果并不像现在这样以论文的形式发表，而是通过私人聚会或者写信的方式来共享。因此，这个时期出现的数学概念和知识，究竟是谁最先提出来的，又是经过怎样的过程被他人找出来的，查无实证的情况非常多。

例如，表示“四个角均为直角的四边形”的单词“rectangle”，据推测，人们是从 1550 年开始使用的。这个单词是由表示“直立”的拉丁文“rectus”和表示“角度”的拉丁文“angulus”相结合创造出来的。但是究竟是谁最先使用了“rectangle”，至今都没有发现相关记载。

同样，对于表示“四个角均为直角且四条边等长的四边形”的单词“square”，人们也不能确定它的由来。在欧洲，直到 13 世纪，“square”都表示“测量直角的工具”，到 1550 年才变为表示“正方形”的单词。在 15 世纪 50 年代之前，正方形叫作“feower-scyte”，这是将含有“四方”意思的单词“feower”和含有“空间、地区”意思的单词“scyte”相结合创造出的单词，也可以理解为“四方的空间”。

中世纪欧洲测量直角的工具

从16世纪开始，随着印刷术的普及，各种书籍被以非常低的成本大量生产。由此，数学书的种类也大幅增加。不过，受曾是数学、科学黑暗期的中世纪的影响，这个时期的书籍以古希腊语版的希腊数学和阿拉伯书籍的译本为主。这些书籍，相对数学创新而言，以整理既有的数学概念等内容为主。也就是说，将古代和中世纪的数学进行整理，成为近代数学发展的基础。这样的变化不仅出现在罗马帝国，还出现在罗马帝国之外的欧洲全域。

第 3 章

阿拉伯数字和斐波纳奇数列

中世纪的欧洲是如何
接受阿拉伯数字的呢?

2x+13=2

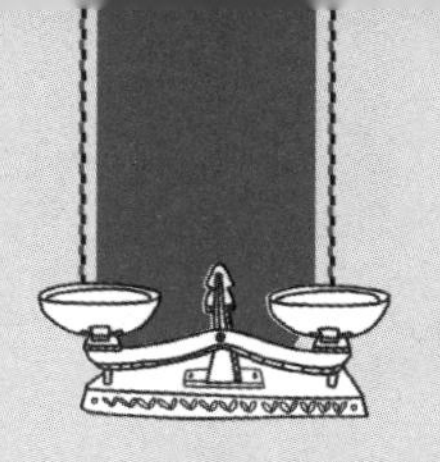

大家听说过《辛巴达历险记》吗?

《辛巴达历险记》讲述的是辛巴达在航海过程中经历的神奇且有趣的冒险故事。事实上，这个故事只是《一千零一夜》(又名《天方夜谭》)一书中的众多故事中的一个。这本书中有 180 篇主要故事，还附带 100 多篇短故事。

书中讲述的众多冒险和航海故事，充分体现了当时的阿拉伯人对新文化的渴望和勇于探险的精神，以及他们易于包容其他文化的心胸。像这样能够包容其他文化的阿拉伯人，在数学上也接受了很多国家的数学知识并推动其进一步发展。与此同时，当时优秀的国王还邀请优秀的学者前往皇宫做客，这种做法也对学者做学问起到了后援的作用。在国王的支持下，有关古印度和古希腊的天文学、医学、数学等领域的众多书籍都被译成了阿拉伯文。得益于此，当基督教和罗马帝国的影响力逐渐减弱时，随着印刷术的发明，欧洲的学者们将这些书籍译成了拉丁文和拉丁文之外的语言并出版。如果没有阿拉伯学者们的工作，在黑暗期的中世纪，古希腊数学和古印度数学就会被人遗忘。

接下来，我们一起走进复兴了古希腊数学的阿拉伯，看看古希腊数学是如何被欧洲重新接受的 。

1. 延续古希腊数学血脉的阿拉伯

在罗马帝国，只有诸如大型建筑物的设计、制图、测量等实用领域的数学得到了发展；又因为受基督教的影响，古希腊强调逻辑性、抽象性的发达的数学，几乎无从寻找。如此一段时间后，古希腊数学在阿拉伯得到了复兴，并再一次传播到了它的发源地欧洲。

在地图上，阿拉伯半岛形如巨靴。人们将阿拉伯半岛一带统称为阿拉伯地区，其英语单词“Arabia”又可缩写为“Arab”。

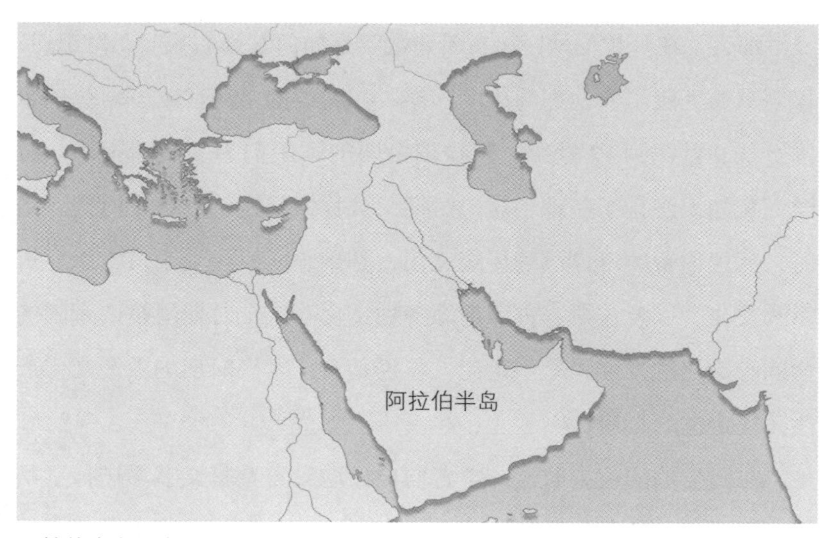

阿拉伯半岛示意图

阿拉伯半岛位于亚洲西南部，是世界上最大的半岛。

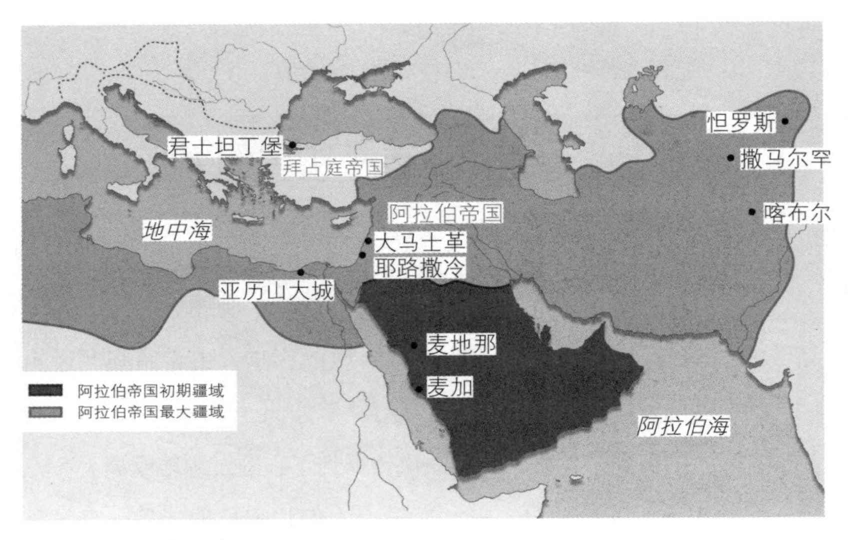

阿拉伯势力扩张示意图

那么，在阿拉伯地区，古希腊数学是如何发展的呢？ 7 世纪初，穆罕默德征服了麦地那周边的国家，在阿拉伯半岛建立了阿拉伯帝国。从 9 世纪到 12 世纪，阿拉伯帝国的国王们为了统治国家，将学问和知识进行了整理。这一时期又被称为阿拉伯的黄金时代。当时，阿拉伯帝国以自己的传统文化为基础，同时接受了古希腊、古罗马文化，以及波斯、古印度等各种文化。这个时期阿拉伯帝国的学问和文化的发展，对中世纪，特别是文艺复兴时期的欧洲文化产生了决定性的影响。

在阿拉伯的黄金时代，学者们积极地对古希腊文书籍进行了翻译，对哲学、数学、科学的研究也有了进一步发展。特别是 813 年到 833 年，统治阿拉伯帝国的马蒙（Ma’mūn，786—833）在首都巴格达设立了专门的名叫智慧馆的翻译机构，并对古希腊文书籍的收集和翻译工作进行奖励，阿拉伯文化因此变得更加繁荣了。在当时参与收集和翻译书籍的人中，除了阿拉伯人外，其他民族的人反而更多，尤其是波斯人。虽然当时的阿拉伯几乎没有发展新的理论，但是迅速形成了对古希腊文化进行重新发掘并研究的氛围，从而使得像欧几里得的《几何原本》这样已经濒临失传的大量书籍得到了保护和传承。此后，智慧馆在古希腊哲学和欧洲科学的发展上均起到了桥梁作用。哥白尼、牛顿等引发的近代欧洲科学革命之所以能够发生，也部分得益于这些翻译成阿拉伯文的古希腊哲学家们的书籍。

12 世纪的画作

画中的人物为在智慧馆里学习的学者。

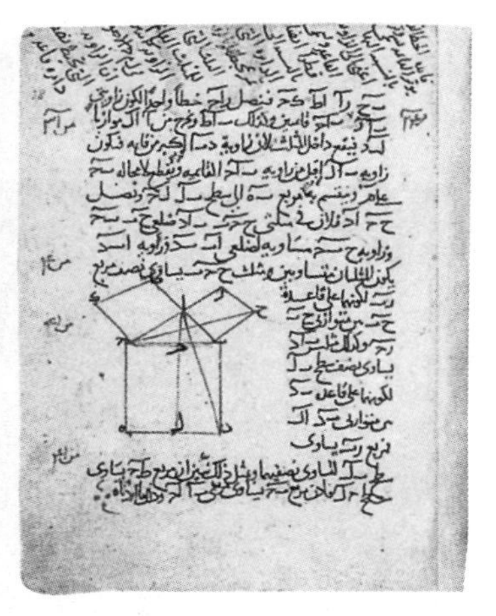

《几何原本》的阿拉伯文手抄本内页

《几何原本》是欧几里得创作的 13 卷本数学书，在近代被译成了各种语言，也被用作教科书。

2. 代数之父：阿尔－花刺子模

在智慧馆里，众多领域的学者们参与了翻译和研究工作，阿尔－花刺子模（Al-Khwarizmi，约 780—约 850）就是其中一员。阿尔－花刺子模被称为“代数之父”，他将古印度数字体系和解方程的方法传播到阿拉伯全域和整个欧洲。

约 825 年，阿尔－花刺子模创作完成《印度数字算术》一书，在书中对古印度十进制和计算方法进行了说明。此后，这本书对古印度数字体系在中东和欧洲的传播起到了非常重要的作用。

阿尔－花刺子模铜像

阿尔－花刺子模利用天平的原理，向世人介绍了解方程的方法。他是数学领域里最伟大的学者之一。

不仅如此，阿尔－花剌子模还写了介绍多种二次方程一般解法的《代数学》一书。在该书中，阿尔－花剌子模在方程的解析过程中利用了天平的原理。他注意到，维持水平状态的天平两端，加上或减去相同的量，乘以或者除以相同的量，两端的质量都是相同的，天平一直维持着水平状态。阿尔－花剌子模将这样的原理运用到了与下面相同的方程里。

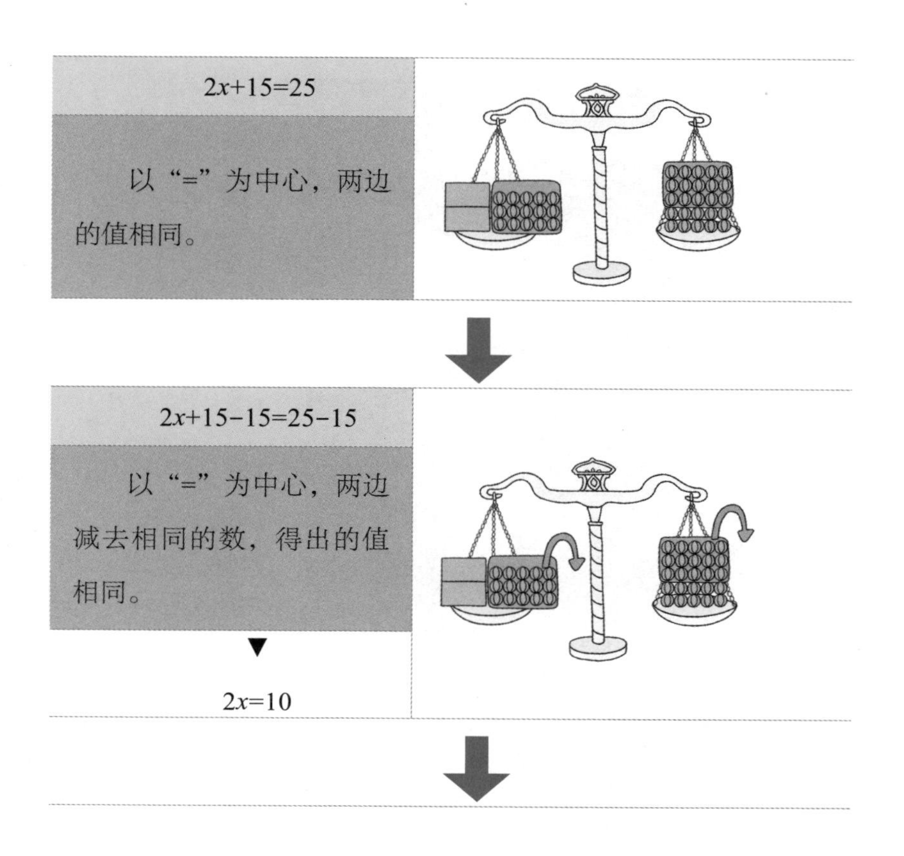

$2x+15=25$
以“=”为中心，两边的值相同。
$2x+15-15=25-15$
以“=”为中心，两边减去相同的数，得出的值相同。
▼
$2x=10$

$$2x \div 2=10 \div 2$$

以“=”为中心，两边除以相同的数，得出的值仍旧相同。

▼

$$x=5$$

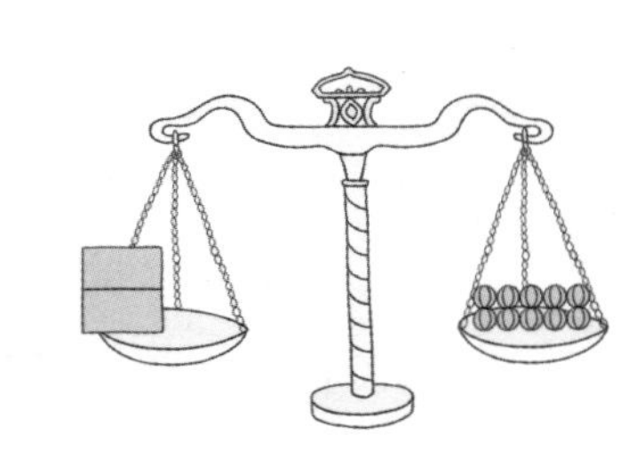

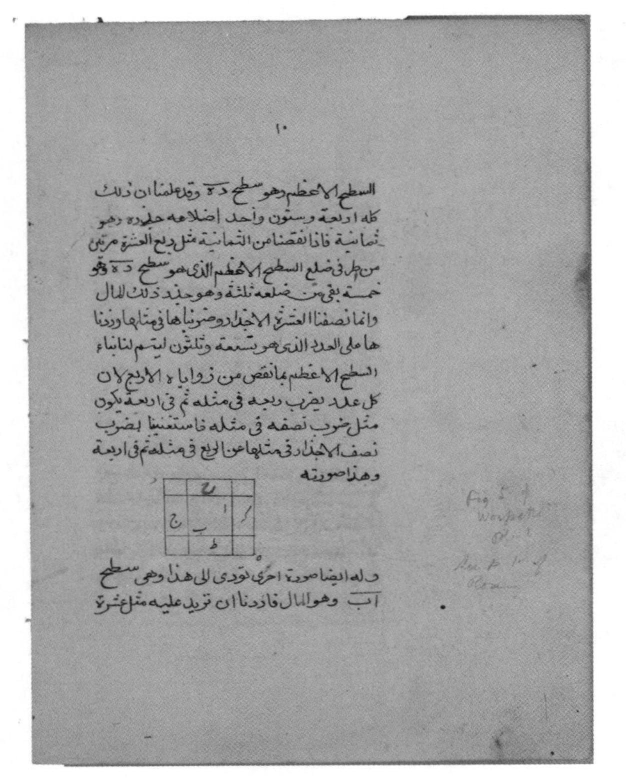

《代数学》内页

“代数学”这一术语来自阿尔-花剌子模著的这本书。原书名的意思是“方程的解法”，翻译成拉丁文后，只保留了原书名的一部分，也就成了现在的名称。

阿尔－花剌子模利用等式两边加上或减去相同的数，等式仍旧成立的事实，将这样解方程的方法叫作“移项法则”。使用该方法，就不用烦琐地、反复一一代入甚至模棱两可地解方程，而是轻松地解方程。

12 世纪左右，英国的萨克罗博斯科 (Sacrobosco，1195—1256) 将《代数学》译成拉丁文，所取书名叫《阿尔－花剌子模的印度数字》。在这本译书中，阿尔－花剌子模的名字被写为“Algoritmi”。此后，《代数学》在被译成英文时，阿尔－花剌子模的名字又被写为“Algorithm”。再后来，“Algorithm”就成了表示“运算法则”的英语单词。

3. 翻译的时代

12 世纪，受重视实用数学的罗马帝国风气和基督教的影响，数学长期得不到发展的欧洲开始接受来自阿拉伯的发达的数学。当时，意大利的商业中心热那亚，以及比萨、威尼斯、米兰、佛罗伦萨等城市与阿拉伯帝国有贸易关系，因此在意大利人们就能够汲取阿拉伯数学中有用的基础知识。

在这样的氛围中，那些过去被欧洲遗忘的数学书籍也被译成了拉丁文，众多的学者将这些译书当作教学用书。当然，印刷术的发明是书籍大众化的一个基础。基于这样的时代背景，在数学史上，12 世纪被称为“翻译的时代”。

4. 向欧洲介绍阿拉伯数字的斐波纳奇

将阿尔－花剌子模的书直接引入欧洲的是数学家列奥纳多·斐波纳奇（Leonardo Fibonacci，约 1170—约 1240）。颇具才华的斐波纳奇出生于意大利的商业中心地区，即以比萨斜塔闻名遐迩的比萨城。他从小就跟随父亲四处奔走，在学习商业知识的同时顺带着掌握了计算的方法。在跟随商团一起去西西里、希腊、埃及、叙利亚等地的过程中，他一边旅行，一边学习阿拉伯数学，进而确信阿拉伯数字和计算方法在实际运用上更为有效。

1202 年，斐波纳奇回到家乡，出版了《计算之书》。该书共有 15 章内容，介绍了读写阿拉伯数字的方法、计算整数和分数的方法、理解平方根与立方根的方法等，还对各种实用的数学问题进行了说明。通过《计算之书》，阿拉伯数字被引入欧洲。后来，阿拉伯数字代替了使用起来很难的罗马数字。其间，《计算之书》起了很大的作用。

《计算之书》第 1 章的开头写道：“印度的 9 个数字是 9、8、7、6、5、4、3、2、1，这 9 个数字和 0 一起可以表示任何一个数字。”由于阿拉伯人是从右往左书写的，所以斐波纳奇按照阿拉伯人的书写方式将数字倒过来写，比如分数 $3\frac{1}{4}$，写成$\frac{1}{4}3$。此书中的乘法也写得与我们现在的不一样。当时在解乘法题时，并不是自上而下解题，而是从下往上解题。并且，这个时期还没有像 ×、÷ 这样的数学符号，所以题目中没有出现表示乘法的符号。

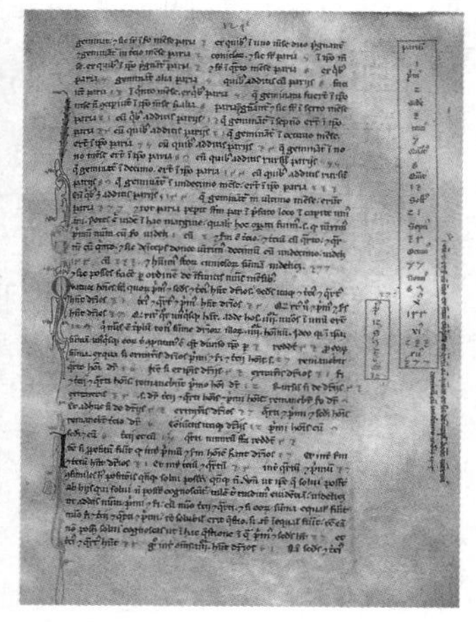

竖立在比萨大教堂博物馆的斐波纳奇石像和他撰写的《计算之书》内页

身为商人儿子的斐波纳奇对阿拉伯算术感受颇深，于 1202 年撰写了介绍阿拉伯算术的《计算之书》。

5. 发明斐波纳奇数列

《计算之书》的第 12—15 章包含各种有趣的数学应用题及其解法。这为此后数百年间的众多数学家提供了参考。其中，最有名的一道题被称为“斐波纳奇数列”：

> 一对老兔子，每个月都会生一对小兔子。生下的一对小兔子一个月之后成长为老兔子。就这样，到了第二个月，两对老兔子分别生了一对小兔子。以这样的方式继续下去，满 1 年时，最初的一对老兔子及其后代一共繁衍出了多少对兔子呢？

仔细看这道题，兔子出生的过程中有两条规则。

规则 1　经过一个月，新生的一对兔子会成长为老兔子。

○
↓　　○：新生的一对兔子
◎　　◎：一个月后成长为一对老兔子

规则 2　成长为老兔子的一对兔子交配后生了一对小兔子。

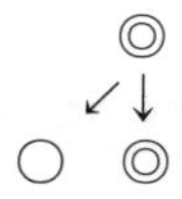

根据这两条规则，我们将兔子逐渐增多的情形画成谱系图。另外把每个月增加的兔子数量制成表格就如下图所示。

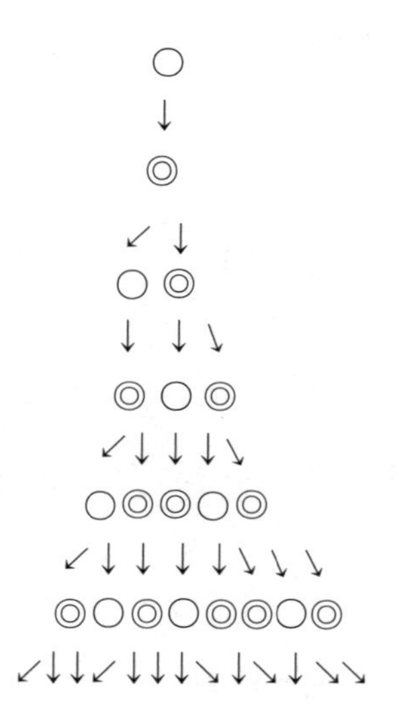

	出生的兔子（对）	老兔子（对）	全部兔子（对）
1 月	1	0	1
2 月	0	1	1
3 月	1	1	2
4 月	1	2	3
5 月	2	3	5
6 月	3	5	8
7 月	5	8	13
8 月	8	13	21
……	……	……	……

最终的答案是不断增加的一列数：1、1、2、3、5、8、13、21……虽然看上去数字的增加没有什么规律，但是仔细观察就会发现，从 2 开始每个数字等于其前两个数字之和。

1+2=3　3+5=8　8+13=21

1　1　2　3　5　8　13　21

1+1=2　2+3=5　5+8=13

6. 大自然中的斐波纳奇数列

斐波纳奇数列之所以如此有名，是因为它不仅与一般的数的排列不同，而且在大自然中也可以找到。我们来细看一下以斐波纳奇数列呈现的羽衣草的茎。羽衣草的茎随着时间的推移而生长，并新长出一个几乎一模一样的分茎。如果数一下新增的分茎数，就会发现它是按照斐波纳奇数列的规则增长的。

隐含在羽衣草中的斐波纳奇数列

像羽衣草这样一条茎上开很多花的植物，分茎的数量按照斐波纳奇数列规则增长的情况占多数。

另外，将边长分别为 1、2、3、5、8 的正方形如下图一样摆放后，用曲线分别连接其对角线，就会得到一个螺旋形的曲线。小到蜗牛壳、海螺等小生物，大到宇宙中的银河系模样，经观察都有这一曲线。

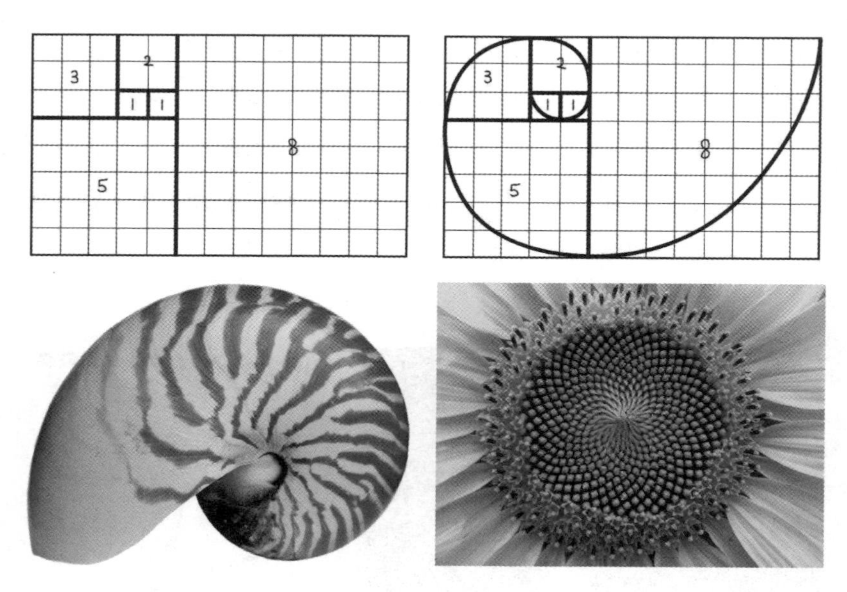

隐含斐波纳奇数列和黄金比例的自然生物

斐波纳奇数列既能在植物茎条的分茎、海螺等螺类的螺旋壳中看到，也能在松球、菠萝或者向日葵籽螺旋状的排列中找到。

7. 斐波纳奇数列中的黄金比例

斐波纳奇数列之所以在数学中占有重要地位，是因为由它可以得出黄金比例。黄金比例的比值是一个具有代表性的无理数。无理数是不能以分数来表示的无限不循环小数。最有代表性的无理数是圆的周长与直径之比，即圆周率（π）。

黄金比例指的是，将整体一分为二，较大部分与整体部分的比值等于较小部分与较大部分的比值，如下图所示：

A　　　　C　　B

线段 AB 上有一个 C 点，若 $CB:AC=AC:AB$ 成立，则这样分割出来的比例就叫作黄金比例。这个比例的值是一个无理数，约为 0.61803398。古希腊人发现这个比例之后，其在欧洲被视为最和谐、最美的比例，因此获得了“黄金比例”的称谓。

接下来，我们试着从斐波纳奇数列中导出黄金比例。先将斐波纳奇数列的数字罗列出来，然后在上面一行写上延迟一个数的斐波纳奇数列。

$$\frac{0}{1} \quad \frac{1}{1} \quad \frac{1}{2} \quad \frac{2}{3} \quad \frac{3}{5} \quad \frac{5}{8} \quad \frac{8}{13} \quad \frac{13}{21} \quad \frac{21}{34} \quad \frac{34}{55} \quad \cdots$$

这样就很容易得出连续的两个数的分数。接着我们利用计算器将这些分数计算为小数，就可以看到，分数的值越往后越接近0.6180339……即接近黄金比例的比值。

这个比值与前文介绍的古希腊建筑设计的黄金比例的比值一样。黄金比例并不是一个规定了的数，而是从一定的关系中实现的比例。黄金比例的比值作为无理数，可简单地使用符号 φ（Φ）来表示。

不仅是斐波纳奇数列，凡是两个数相加之和是其紧接着的后面那个数的数列，以上面的方式相除，得出的数值都会越往后越接近黄金比例的比值。我们在古代建筑物中看到的黄金比例，也可以在有规则的数列中找到，这是一件惊人的事情。

8. 寻找生活中的黄金比例

中世纪的美术家们制作的一种叫作测径规（calliper）的工具，能将黄金比例简便地应用到画作上。测径规的制作过程如下图所示。只需准备像塑料吸管那样粗细且坚硬的长棍和可以固定长棍的钉子（如大头钉）就可以。

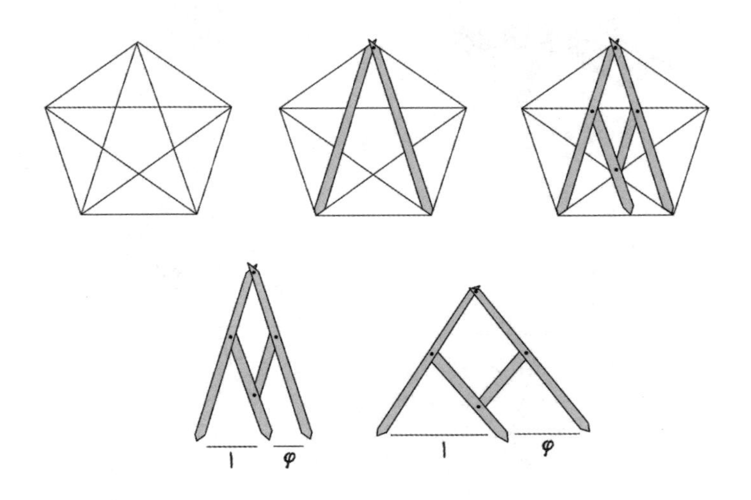

先画一个任意大小的正五边形，从正五边形的内部连接各个顶点画出五角星。将两根长棍摆成如上图所示的“∧”形叠放在正五边形内接线上，再用大头钉固定两长棍连接点，然后取两根短棍摆

成“丫”字形状，放在两根长棍内侧（这里的短棍连接点和各棍的尾端都在五角星连线的交叉点上），最后将长棍和短棍相交的点固定，就制成一个测径规。测径规的三个脚分出了两个部分，这两部分之间的比例一直保持着黄金比例。

用测径规找到的存在于我们身边的黄金比例

制作好测径规，接下来我们不妨找一下身边的黄金比例。不仅五角星、花和昆虫有很多部分构成黄金比例，我们的身体结构中也有很多部分构成黄金比例。古人虽然没有完全认清这一比例，但是在生活中或许凭着本能就熟悉了这一比例，并将它运用到了建筑物和美术作品之中。

第4章

统计和概率

传染病是如何促使
统计学发展的呢?

14 世纪前后，漫长的十字军东征带来的创伤还没来得及愈合，欧洲就受到了鼠疫这种可怕的传染病的威胁。

鼠疫的危害相当大，一个地区一旦有人发病，一周内死亡率就会达到 60%。据说，14 世纪 40 年代，因鼠疫而死亡的人数一度占到整个欧洲人数的 30%，达 2000 万~ 3000 万人。难怪当时民间存在着“只要对视一眼就会传染鼠疫”的说法。

这次鼠疫夺走了许多人的生命，带来了一段令人心痛的历史。但是此后，人们开始重视生命和人生价值，并对支配中世纪的对神绝对信任的信仰产生动摇。

不仅如此，其间出于防止对传染病束手无策，人们对每年的死亡人数和发病地区进行记录和研究。这也是统计学的起点，并为统计学的发展奠定了基础。

接下来，我们寻找一下为预防传染病而努力的数学家们。

1. 鼠疫和欧洲的变化

鼠疫又称黑死病，导致 13—14 世纪的欧洲约三分之一的人死亡。人们原本只知道鼠疫是中亚地区的地方病，然而由于战争和贸易等原因，随着欧洲和亚洲之间的交流增多，鼠疫也就传到了欧洲。

1347 年，鼠疫从欧洲南部开始，没经过多久就扩散到了欧洲北部和俄罗斯，并传到了非洲等地。当时并没有治疗的方法，人们觉

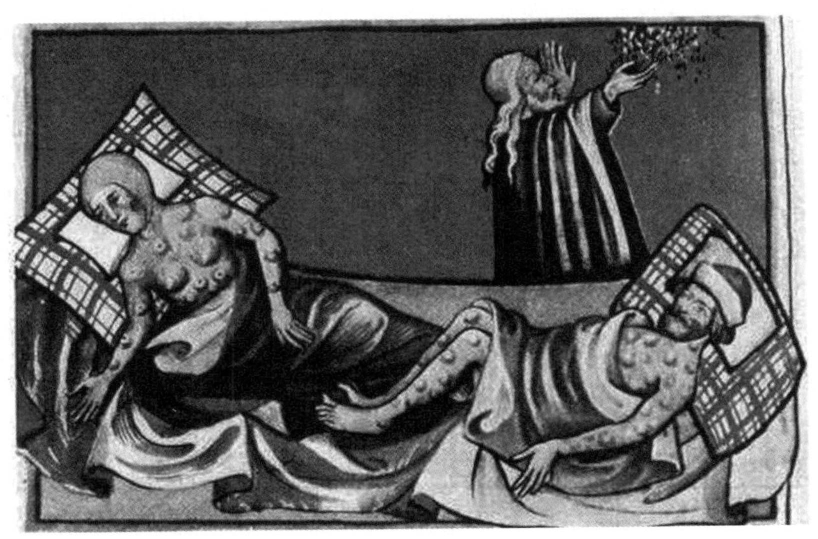

画在吐根堡出版的《圣经》中的鼠疫患者（作于 1411 年）

得鼠疫是上帝给予人类的惩罚，所以为了不被传染上鼠疫，或者为了死后能去天国，人们开始把大把大把的钱进献给教会。到1351年左右，尽管活下来的人对鼠疫有了免疫力，死亡率也大大下降了，但是在已经有三分之一的人死亡的欧洲，其社会状况由此发生了急剧的变化。

首先，人们对高于皇权的基督教的看法发生了改变。鼠疫猖獗的时候，对于只累积了巨大财富却没有给人们带来帮助的基督教教会，人们开始有了负面的看法。

其次，政治体系也发生了改变。在中世纪的欧洲，根据身份的不同，社会成员分为两个阶级，即拥有土地的地主阶级和在地主土地上劳作的农奴阶级。鼠疫之后，由于人手不够，农奴的地位有所上升。地主们减少了农奴上交的税金，提高了他们的工资甚至直接解除了他们的农奴身份。因此，负担不起昂贵的人工费而破产的地主逐渐增加。就这样，以人为中心而不是以神为中心的思想扩散开来，基督教和地主的权威不断下降，欧洲社会随即进入文艺复兴时代。

2. 防止传染病的统计学

在罗马帝国走向衰落的过程中，欧洲一些国家通过航海事业的拓展在世界各地建立了殖民地，由此增强了国力。这些国家通过疯狂掠夺殖民地的资源而积累了前所未有的财富，尤其是被称为“日不落帝国”的英国。英国当时称霸全球，拥有的殖民地面积相当于其本土面积的 80 倍。一时，所有的物资都汇集到英国的首都伦敦，英国出现前所未有的繁荣盛况。

但是，进入英国的并不只是有利于经济发展的物资，还有连同从各个殖民地掠夺来的物资一起流入伦敦的鼠疫、霍乱、伤寒等各种传染病。由此导致因传染病而死亡的人数急剧上升。于是，为了防止感染上传染病，大多数人选择闭门不出，少数人则穿着防护服出门。这时可看到一些出门的人手里拿着十字架、嘴里含着大蒜的情形。

因为传染病导致的死亡率达到了非常严重的程度，所以从 17 世纪初开始，伦敦市会在每年的 12 月公布一份死亡统计表。当时，伦敦的所有市民都属于教会，每个教区都将市民的出生、死亡、结婚等信息以文书的形式记录下来。伦敦市就利用这些文书，将各教区每月的死亡人数和死亡原因等数据进行统计，并且每年都制作死亡统计表。这些死亡统计表不仅被伦敦市当作制定传染病对策的依据，也被因躲避传染病而搬家的人和制订生意计划的商人等广泛应用。

彼德·勃鲁盖尔创作的《死亡的胜利》
14 世纪的鼠疫夺去了欧洲三分之一以上人的生命。

3. 死亡统计表上的社会统计

商人兼业余数学家约翰·格兰特（John Graunt，1620—1674）看到伦敦市每年发布的死亡统计表后，决定对死亡人数的趋势进行分析。他查阅了过去 23 年间的死亡统计表后，在死亡人数趋势中发现了两个疾病流行期。另外，他还发现英国和某些国家的贸易量增加的时期与疾病流行的时期是一致的。格兰特通过自己的著作《关于死亡率的自然观察和政治观察》，将这些内容公布于世。此书也成为人口统计学的起点。

统计学是指通过各种统计手段去观察和研究社会现象的学科。它是数学众多领域中的一个分支——最迟独立出来的一个分支，随后发展成了通过分析社会各个领域的数据资料，发现社会问题及寻找相应对策的一门学问。从现存的管理国家的古代资料中，我们可以找到统计的起源。最具代表性的资料就是人口调查数据，包括罗马帝国在内的古代国家为了征税，都对人口数量和年龄结构进行过调查。但是，能够为统计学奠定学术性基础的，还是《关于死亡率的自然观察和政治观察》一书。格兰特所做的研究，是从统计学的角度来理解社会现象或社会中的各种关系，这样研究的学科，被称为社会统计学。

继格兰特之后，哈雷彗星的发现者埃德蒙·哈雷（Edmond Halley，1656—1742）于1693年发表了有名的“哈雷生命表”。所谓的生命表，指的是同一时代出生的人，当他们离世时，对他们的死亡原因进行调查，并将调查结果以表的形式呈现出来。这样的调查表，就称为生命表。以这种生命表为基础，就可以知道人们的平均寿命和各年龄段的患病概率。18世纪，以这种统计表为依据，英国政府制定了生命保险制度：根据年龄或生活习惯的不同，可以大概率推测出死亡时间，然后就有了按人的类型分类计算保险费的标准。

Natural and Political
OBSERVATIONS
Mentioned in a following INDEX,
and made upon the
Bills of Mortality.

By JOHN GRAUNT,
Citizen of
LONDON.

With reference to the Government, Religion, Trade, Growth, Ayre, Diseases, and the several Changes of the said CITY.

—— Non, me ut miretur Turba, laboro,
Contentus paucis Lectoribus ——

LONDON,
Printed by Tho: Roycroft, for John Martin, James Allestry, and Tho: Dicas, at the Sign of the Bell in St. Paul's Church-yard, MDCLXII.

约翰·格兰特及《关于死亡率的自然观察和政治观察》的封面

格兰特的著作在欧洲掀起了一阵旋风。由此，他获得了“人口统计学创始人”的称号，并在查理二世的推荐下成为英国皇家学会的会员。

不仅如此，至今在我们的生活中，在了解社会或经济状况、调查气象或者海洋等自然环境等时，统计学仍被广泛应用。

4. 统计与图表的相遇——米纳德图表

1861 年，法国土木工程师查尔斯·米纳德（Charles Minard，1781—1870）在统计和工学领域首次使用了图表。他绘制了一张拿破仑在 1812 年东征俄罗斯失败后节节败退的统计图。该图清楚地显示：法军在一开始有 42 万人，但入侵俄罗斯后，逐渐减少到

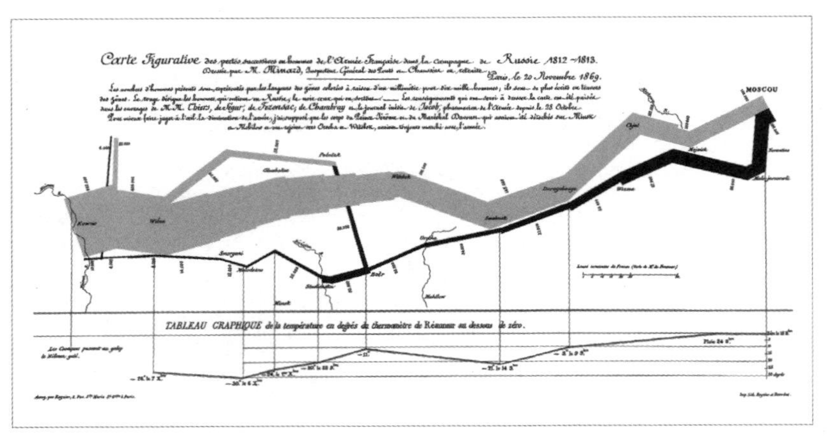

查尔斯·米纳德绘制的图

图上端的文字是说明资料的出处和理解图的方法。文字下方，绘出了军队的实际位置。另外，分别用浅褐色和黑色表示移动路径，其粗细表明在相应地点的兵力数量。其下方的曲线图表示各个日期的气温变化。

10 万人，最后只有 1 万人撤回法国。图上标出了法军在各个时期的位置和方向、军队规模、移动方向、地点、时间与气温等。这张图可以说从视觉和效果上都很好地展示了统计资料的直观性和方便性。

5. 将统计图表用于治疗的南丁格尔

此后，在统计学领域，人们不断研究用扇形图或者柱状图等直观的图形来表示资料特征的方法；为了让人容易看懂，还研究用各种平均值或标准偏差等统计量来表示资料特征。为了让不太懂数学

杰瑞·巴雷特的画作《南丁格尔在斯库塔里救治伤者》

1854 年 11 月 4 日，南丁格尔和 38 名护士一起抵达位于博斯普鲁斯海峡附近的斯库塔里，开始在英军野战医院工作。

的人也能看懂，有人将统计资料绘成图表，并使其简易化。被誉为“提灯女神”的弗洛伦斯 · 南丁格尔（Florence Nightingale，1820—1910）就是这样做的。

在拿破仑东征失败之后，俄罗斯的势力不断增强，并向外扩张，为占领奥斯曼帝国的土耳其地区做着各种努力。为了阻止俄罗斯的入侵，英国、法国和奥斯曼帝国三方组成联军发动了战争。这场战争发生于 1853 年至 1856 年间，被称为克里米亚战争。据说，在这场战争中，因不卫生的医疗环境导致病人感染疾病而死亡的人数反而比在战斗中死亡的人数更多。

在克里米亚战争期间，南丁格尔不论遇到联军病人还是敌军病人，都尽力护理，以献身精神挽救了很多人的生命，是有名的“白衣天使”。然而，她不仅是一名优秀的护士，还是一名出色的活用数学知识的人。她从小就对数学感兴趣，曾向数学教授詹姆斯 · 西尔维斯特（James Sylvester，1814—1897）及其他有名的数学家请教数学问题。

南丁格尔对本来能够救活的病人因医院不卫生的环境而死亡的现状感到愤怒。当时的陆军部代表对此也只是袖手旁观，并认为“花钱修缮医院，还不如多征点兵”。为了说服英国女王和皇家委员会，南丁格尔全力以赴，用图表的方式制作了精准的统计资料，充分表明图表具有将复杂的统计资料简洁化的优点。

6. 英国统计学会第一位女会员——南丁格尔

南丁格尔向英国皇家委员会提交了名为《对战争后期有关英国军队的健康、效率、医院经营状况的重要发现》的报告，一共有800页。这是历史上最早的用图表的形式表示统计资料的报告。在报告中，她用图表概括了英国士兵在病床上的死亡率与在克里米亚战场上的死亡率。她的图表使统计资料的表达变得更简洁。

南丁格尔将1856年全年士兵的死亡原因和死亡数字分别按月份标记出来。外围的彩色部分表示感染了可以治愈的病但还是死亡了的士兵人数，中间白色[①]部分表示因受伤而死亡的士兵人数，内圈的黑色[②]部分表示因其他原因而导致死亡的士兵人数。英国政府看了南丁格尔的这份报告，制定了让部队医院改善卫生设施的法律。

南丁格尔是第一个为说服人们而使用统计资料的女性知识分子，她利用统计图表说服英国政府对医院设备进行投资，从而使住院士兵原本高达60%的死亡率降到了2%左右。南丁格尔绘制的这张图

① 南丁格尔制作的原图为粉红色。

② 南丁格尔制作的原图为褐色。

（见下图所示）使统计资料内容一目了然，属于改善视觉化方法的优秀制图。她的这张图和米纳德关于拿破仑东征的那张图并称为 19 世纪最好的图。

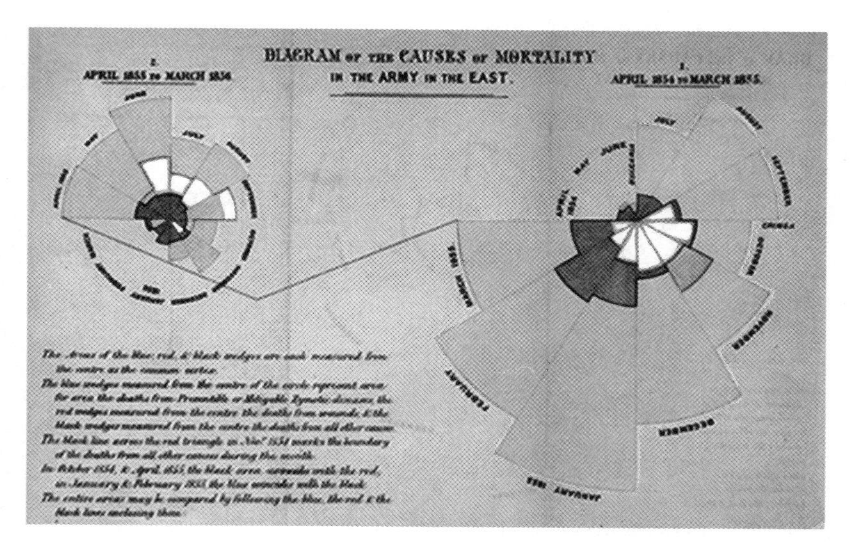

收录在南丁格尔报告里的图

南丁格尔为了让人一眼就看懂英军野战医院的各种现状，研究出了用图表来表示统计资料的新方法。她的此举，获得了大家的赞誉。

7. 抛硬币，出现正面的概率是多少？

在欧洲，英国、德国和奥地利等国家通过分析传染病，使统计学得到了发展；意大利、法国和西班牙等地中海沿岸的国家，气候温暖，商业发达，概率论在这里得到了发展。

概率论就像问“抛硬币，出现正面的可能性是多少？”一样，是以事件发生之前无法确定的各种可能性为研究对象的，即概率论是以数字来分析偶然性的。

概率是度量偶然事件发生可能性的数值，如果不能准确地以数值形式来表示事件发生的可能性，这种可能性就不成立。例如，抛出硬币，出现正面的情形和出现背面的情形的概率都是二分之一。但是要问长白山的天池里有没有怪物，我们并不会说“有”或者“没有”，也不会说“两者的概率都是二分之一”，因为并不能以数值形式来判断它的可能性。

除了抛硬币或掷骰子等能通过计算得出数学性质的概率之外，实际能做的事情就是利用大数定律去找经验概率。例如，瓶盖有内外两面，当抛出瓶盖，它的面朝上与朝下的概率就不是准确的二分之一。但是，如果反复实验无数次，它的面朝上与朝下的概率就会接近某一个数值。在大数定律里，这个数值就被视作概率。

8. 从赌博中诞生的概率论

概率论成为数学的一个领域是从 16 世纪中叶的意大利开始的。当时，意大利的热那亚、比萨和威尼斯是三大港口城市，从 12—

Tabula

Combinationum, seu Numerorum Figuratorum.

Exponentes Combinationum.

Numeri Rerum Combinandarum.

	I.	II.	III.	IV.	V.	VI.	VII.	VIII.	IX.	X.	XI.	XII.
1.	1	0	0	0	0	0	0	0	0	0	0	0
2.	1	1	0	0	0	0	0	0	0	0	0	0
3.	1	2	1	0	0	0	0	0	0	0	0	0
4.	1	3	3	1	0	0	0	0	0	0	0	0
5.	1	4	6	4	1	0	0	0	0	0	0	0
6.	1	5	10	10	5	1	0	0	0	0	0	0
7.	1	6	15	20	15	6	1	0	0	0	0	0
8.	1	7	21	35	35	21	7	1	0	0	0	0
9.	1	8	28	56	70	56	28	8	1	0	0	0
10.	1	9	36	84	126	126	84	36	9	1	0	0
11.	1	10	45	120	210	252	210	120	45	10	1	0
12.	1	11	55	165	330	462	462	330	165	55	11	1

《论赌博游戏》页面

卡尔达诺并不想活在赌徒之名下，他的这篇记述赢得骰子游戏方法的论文，使他成为概率论的创始人。

13 世纪起，十字军东征的物资运输和与东方的贸易活动都在这里进行，商人们获得了很多利润。所以，一直到大航海时代的 15 世纪，三座城市都呈现出繁荣昌盛的景象。

因为人们手头有钱，所以赌博在当时的意大利十分流行，概率论也因此受到世人的瞩目。说到概率论，就得提到它的创始人吉罗拉莫 · 卡尔达诺（Girolamo Cardano，1501—1576）。卡尔达诺是米兰大学的数学教授，也以医生、占星家、魔术师闻名。据悉，他也爱好赌博，并发表了一篇有关使用骰子进行赌博的论文，名叫《论赌博游戏》。该论文首次对概率的系统计算进行了介绍。

9. 性情怪僻的卡尔达诺

卡尔达诺的父亲是一名律师，他是在父亲的身边长大的。长大后，他也成了一名律师并开始营业。同时，他一边学习数学一边教书，还一边写论文。一度，他还因为推算耶稣的出生星位被视为大逆不道而身陷牢狱。之后，他举家搬迁到罗马，成为有名的占星家。

卡尔达诺的性格很怪，一旦发起火来谁也拦不住他。有一次，他又忍不住发火，竟将年幼的儿子两只耳朵都打聋了。另外，他还喜欢赌博，为此写了一本关于赢的概率的指导书。

虽然卡尔达诺的一生非常怪僻，但不可否认的是，他是一名非常伟大的学者。他在数学、天文学、物理学、医学等多个领域留下了很多著作，他也是第一个对数学中的虚数和虚根感兴趣的人。

卡尔达诺的一生可谓波澜起伏。他还通过星象占卜预言了自己的死亡日期为 1576 年的某一天。

吉罗拉莫 · 卡尔达诺

10. 纸牌游戏里的概率

概率论始于意大利，随后传到了法国。当时，纸牌游戏在法国的贵族间非常流行。纸牌游戏是赌博的一个项目，对概率论的进一步发展产生了影响。

当时，法国著名数学家布莱士·帕斯卡（Blaise Pascal，1623—1662）收到了这样一个问题："两个人在玩赌博游戏，预测不到哪一边会赢，如果游戏在中途被中断，那么该如何分配赌注呢？"对此，先不妨举例说明。有实力相当的A和B两人，他们分别用32便士做赌注，先赢三局的人拿走所有的64便士。在A赢了两局，B赢了一局的时候，因不得已的客观原因他们中断了游戏。这时，核心的问题是：他们该如何分配这64便士才公平呢？

对于这个问题，帕斯卡是这样回答的："如果下一局A赢，A就能得到64便士；如果B赢，就需要再战一局。这一局如果A再赢，A就拿走64便士。可见，B想赢得64便士的概率和连赢两局的概率是一样的。B在下一局赢的可能性是二分之一，接着再赢一局的可能性也是二分之一，两局连赢的概率就是四分之一。因此，最终答案是：B可拿走64便士的一半的一半，即16便士，A可拿走48便士。"

11. 帕斯卡概率

帕斯卡从这个问题中感受到了概率学的趣味，便与著名的数学家费马（Pierre de Fermat，1601—1665）用书信交流起来，一起对概率学进行了研究。在这一过程中，诞生了帕斯卡三角形（也叫杨辉三角）。制作帕斯卡三角形的方法如下。

1. 先在第一行写下数字 1；

2. 接着在第二行写下两个数字 1，并与上一行整体上呈三角形；

3. 再在第三行写出第二行两数之和，并保持该行开头和结尾一直是数字 1，整体上仍呈三角形；以此类推，保持下一行开头和结尾一直是数字 1，中间数字为上一行紧邻两数之和，如第六行的数字 5，是上方第五行紧邻的数字 1 和 4 之和。

这样就列出了如下图所示的帕斯卡三角形。

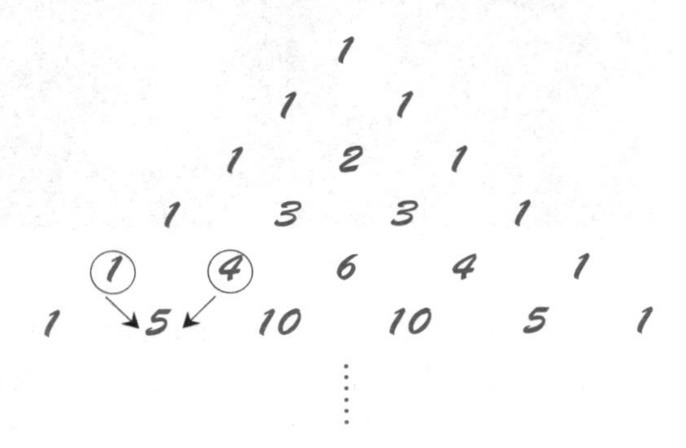

布莱士·帕斯卡

作为数学家，帕斯卡提出了帕斯卡定理，发现了帕斯卡三角形等规律；作为哲学家，他给后人留下了包含自己思想的《思想录》等著作。

以这样的帕斯卡三角形为参照，就能很容易分配赌注了。例如，可以思考这样一个问题：“实力相当的两个赌徒 A 和 B，进行一场 3 局 2 胜制的赌博。在 A 赢了 1 局之后，赌博中断了。这时，应该如何分配赌注呢？”很明显：A 若要取胜，就需要再赢一局；B 若要取胜，则需要连赢两局。这时，如果本着 1+2=3 的想法去看帕斯卡三角形第三行中的 1、2、1，则第一个“1”代表 A 连赢两局取胜的情形数（a、a），“2”代表 A 先赢 1 局取胜的情形数（a、b，b、a），第三个“1”代表 B 连赢两局的情形数（b、b）（此处的 a 代表 A 胜，b 代表 B 胜）。那么，在 A 先赢 1 局时，A 最终取胜，进行的赌局就是 1+2，即有三种情形；B 取胜的可能性只有 1 种情形（即接下来连赢两局），所以赌注要以 3 ∶ 1 来分配。

帕斯卡三角形是以简单的加法呈现的，其数字间的规则已成为解释计数、指数、代数、几何学样式、数论关系等方面的有用工具。帕斯卡一边做着这样的研究，一边发现了组合或数列等的计算方法，为现代概率论打下了基础。

这个时期，在词典里，组合的意思是“将很多东西集合到一起，凑成一团”，数列的意思是“依次排列的队伍”。也就是说，组合被理解为没有顺序地将几团东西凑起来，数列被理解为考虑了顺序再排成一列的意思。例如，我们从 A、B、C、D 中任意选出 3 个。因为做组合时，不用考虑排列顺序，所以有 ABC、BCD、ACD、ABD 4 种选择。相反，排数列时，要考虑排列的顺序，因此就有 ABC、ACB、ABD、ADB、BAC、BCA、BCD、BDC 等一共 24 种排法。

除了帕斯卡之外，研究概率论的人还有达朗贝尔（d'Alembert，1717—1783）和拉普拉斯（Laplace，1749—1827）等。从法国开始的概率研究在 19 世纪的俄罗斯得到了更大的发展，这也是因为当时赌博在俄罗斯非常流行。这仅从俄罗斯当时有代表性的文豪写的关于赌博的小说就能看出来，如普希金的《黑桃皇后》和陀思妥耶夫斯基的《赌徒》等。

12. 概率和扑克牌

从 52 张扑克牌中按顺序分发给每个参加者 5 张，并根据约定的规则定胜负，这样分发到每人手中的 5 张牌的组合一共有 2,598,960 种。在该游戏中，赢的人拿到的扑克牌的组合概率低。比较难拿到的扑克牌组合概率如下。

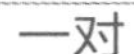

一对

5 张牌中，出现两张牌点数相同或者两张牌的花色一样的概率约为 0.434。

两对

5 张牌中，出现两对牌的点数分别相同（4 张牌的点数相同的情况除外）的概率约为 0.048。

三条

5 张牌中，出现 3 张牌的点数相同或者 3 张牌的花色相同的概率约为 0.021。

顺子

5 张牌的花色不同，但是出现连续点数的概率约为 0.0039。

同花

5 张牌的点数不同，但花色相同的概率约为 0.002。

葫芦

5 张牌中，出现三条与一对的概率约为 0.0014。

铁支

5 张牌中，出现 4 张牌的点数相同的概率约为 0.00024。

同花顺

5 张牌既是连续占数，又是相同花色的概率约为 0.000014。

皇家同花顺

5 张牌集合了 A、K、Q、J、10 且花色相同的概率约为 0.0000015。

第5章

方程式和代数学

经济发展与数学发展
有何关联呢？

3×3=9
√9=3
+, −
×, ÷

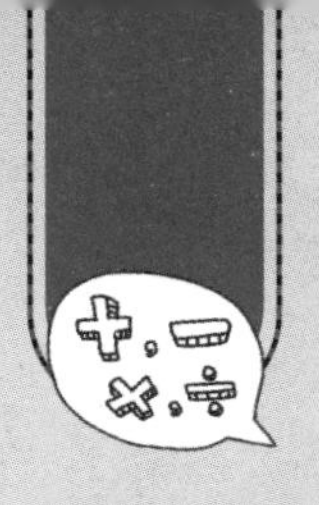

被称为“数学黑暗期”的中世纪，基督徒去耶稣出生并活动的圣地耶路撒冷巡礼是非常流行的。

但是在 11 世纪左右，自塞尔柱突厥部族建立的塞尔柱帝国占领了巴格达之后，去圣地巡礼开始变得困难了。罗马教皇为了将穆斯林赶离圣地，也为了抑制逐渐强大的塞尔柱帝国，共发起了 9 次针对地中海东海岸地区的战争。战争从 1096 年开始，持续了近 200 年，欧洲人称这一系列的战争为十字军东征。

虽然十字军东征以失败告终，但是其对后来欧洲社会的变化产生了很大影响。由此，支配中世纪欧洲的基督教力量被削弱，对数学和科学进行研究的氛围得以形成，并且社会和经济也有了很大的变化，尤其是意大利各城邦国家在十字军东征过程中得到了很多经济方面的好处。据说，有多个港口城市以向十字军提供武器及食品为名，垄断了与当时欧洲殖民地国家重要城市之间的贸易。这样累积的资本，为欧洲商业和工业的发展提供了重要的物质基础。

缘此，以意大利为中心的欧洲国家，其经济发展又为从阿拉伯传回的古希腊数学的发展打下了重要基础。那么，其间经济发展对数学发展产生了怎样的影响呢？我们还是到文艺复兴时期看看吧。

1. 文艺复兴时代来临

随着从阿拉伯传回欧洲的古希腊数学书籍得以复出，再经过一些伟大的数学家的研究，数学在欧洲得到了进一步发展。就这样，古代的文化与艺术在欧洲复兴，人们称这个时期为文艺复兴时期。

从 14 世纪到 16 世纪，欧洲的文艺复兴运动成为结束中世纪、向近代过渡的起点。在文艺复兴时期，人们从整个文化、艺术领域学习古希腊和古罗马的文明，摆脱了以神为中心的宗教观念，回归以人为本的理念。也就是说，许多曾在中世纪被奉为神旨的观念逐渐被破除，人们对自然现象的研究开始复苏，对以人类生活为中心的数学及科学领域的分析也逐渐活跃起来。

虽然无法在时间和地区上明确区分文艺复兴的源头，但是一般认为，文艺复兴始于意大利中部的佛罗伦萨，随后蔓延至法国、荷兰、英国、德国、西班牙等国家。因为佛罗伦萨不仅保留了很多古罗马文化的要素，还很早就与阿拉伯国家开展贸易，并吸收了阿拉伯文化。另外，在十字军东征过程中，这里的商业得到了发展，积累了可以支持文化与艺术活动的经济实力。

2. 与金融业一起发展的数学

在文艺复兴时期，数学之所以能得到进一步发展，原因之一是频繁的商业活动推动了金融业的成长。随着现金交易活跃，人们在借钱、还钱的时候计算单利或复利的方法就成了摆在交易双方面前的一个非常重要的问题。在金融活动中，为解决这一问题，以保证交易时计算准确，商人们还会给一些知名的数学家提供研究经费和生活费用。

虽然这时的数学家们享受到了前所未有的待遇，但是为了提升自身作为数学家的声誉，他们还需要做出很多的专业研究。因此，数学家们也各自隐讳地产生了竞争心理，在解决一些有一定难度的数学题时，也进行着实力上的较劲。这样一来，文艺复兴时期的数学发展速度反而比以前任何时期都快。

3. 珠算派与笔算派之争

文艺复兴时期，从古罗马流传下来的使用算盘计算的方法（珠算）与利用阿拉伯数字用铅笔计算的方法（笔算）长期共存。其间，神职人员主要用算盘计算，商人和银行家则主要用笔计算。

这一时期，罗马商人在与阿拉伯商人开展贸易的同时，也学习了同时方便记录和计算的阿拉伯数字。如果不借助沟算盘之类的计算工具，用古罗马数字就很难进行计算。与之相比，采用阿拉伯数字，仅以 0 到 9 的数字就能表示所有的数，并且能方便地进行计算。因此，以商人为中心，阿拉伯数字在古罗马的社会生活中急速扩散开来。但是，以神职人员为中心的数学家们则认为，采用原有的古罗马数字体系也能充分地解决生活中的实际问题。为此，他们拒绝使用阿拉伯数字。这样的冲突，渐渐演变成了算盘论者（珠算派）与算法论者（笔算派）之争，而且一直持续到 16 世纪。

虽然这是守旧的珠算派与接受新事物的笔算派之争，但更重要的争端是关于“0”的使用。古罗马的数字体系中没有“0”这个数字。首次接触“0”的珠算派学者们并不能理解，在数学里为什么需要一个表示“什么都没有”的“0”。更让他们不能理解的是，一旦将无意义的“0”放在一个数字旁边，就能使该数字变成 10 倍或

100 倍等。所以，当时教沟算盘的人就讽刺说，“0”这个数字是恶魔的把戏，它完全就是一个笑话。

就如同除了专家外几乎没人能完全理解伟大的物理学理论或复杂的数学方程式一样，当时对于“0”的概念也只有少数几位伟大的数学家能理解。神职人员对于阿拉伯数字的运用，虽然始终不予认同，但是到了 16 世纪，随着工商业迅速发展，他们再也无法阻止能快速准确地进行计算的阿拉伯数字的普及。由此，人人都能进行简单计算的时代来临了。

格雷戈尔·莱西绘制的《算数的化身》版画

该画绘制于 1508 年，展现了使用阿拉伯数字的算法与使用罗马算盘的算法之间的竞争。

4. 数学符号的发明

要想快速、简便地解答众多数学题，就需要用到各种数学符号。在古代，由于没有加号（+）、减号（−）、等号（=）等数学符号，在解题过程中需要通过文字来表述，因此数学就显得非常复杂，理解起来也很困难。于是，文艺复兴时期，数学家们在发明有效的数学符号方面做出了持续的努力。在这之后，又经过多种形态变化，最终定下了包括现在使用的四则运算符号（+、−、×、÷）在内的各种数学符号。

对于加法符号“+”和减法符号“−”，首次使用它们的人是德国数学家约翰内斯 · 魏德曼（Johannes Widman，1462—1498）。据推测，其中的加法符号是从当时表示加法的拉丁文“et”的草书体中得来的，减法符号则是从表示减掉含义的“minus”的首字母“m”的草书体中得来的。

乘法符号“×”是英国数学家威廉 · 奥特雷德（William Oughtred，1574—1660）发明的。他在 1631 年出版的《数学之钥》一书中首次使用了“×”。遗憾的是，在书中他并没有讲述开始使用“×”的具体内容。

据了解，首次使用除法符号“÷”的人是瑞士数学家约翰 · 拉

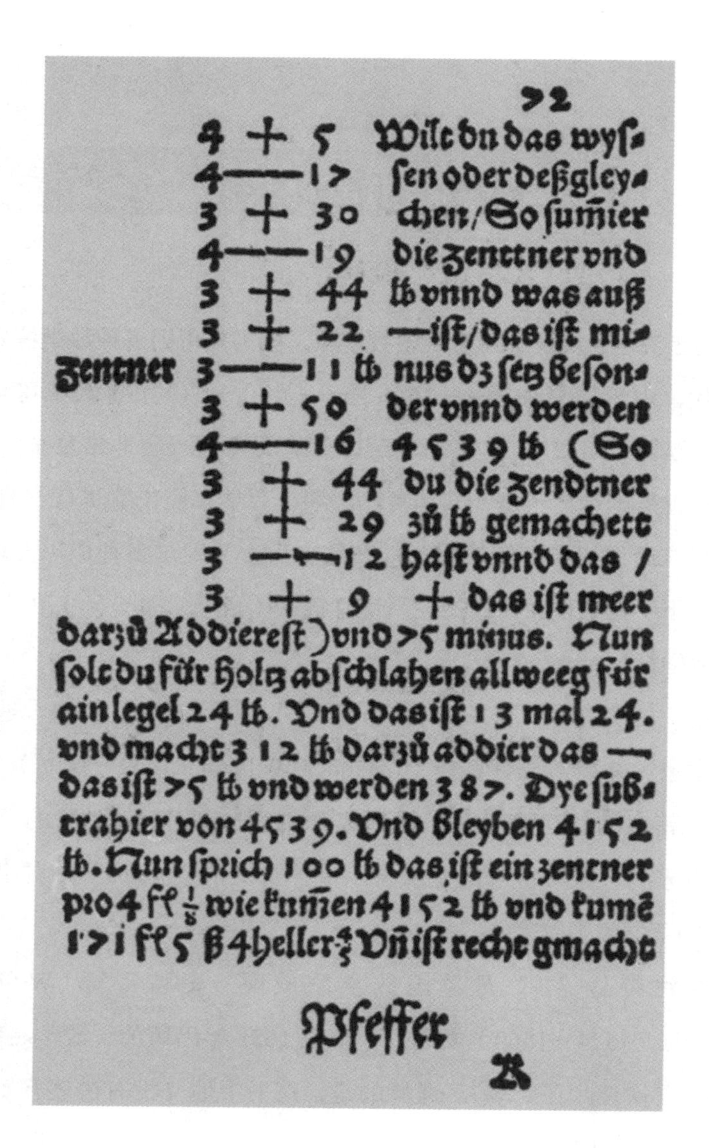

72

4 + 5 Wilt du das wyss-
4 — 17 sen oder deßgley-
3 + 30 chen/ So sumier
4 — 19 die zentner vnd
3 + 44 lb vnnd was auß
3 + 22 — ist/ das ist mi-
Zentner 3 — 11 lb nus dz setz beson-
3 + 50 der vnnd werden
4 — 16 4539 lb (So
3 + 44 du die zendtner
3 + 29 zů lb gemachett
3 — 12 hast vnnd das /
3 + 9 + das ist meer
darzů Addierest) vnd 75 minus. Nun
solt du für holtz abschlahen allweeg für
ain legel 24 lb. Vnd das ist 13 mal 24.
vnd macht 312 lb darzů addier das —
das ist 75 lb vnd werden 387. Dye sub-
trahier von 4539. Vnd bleyben 4152
lb. Nun sprich 100 lb das ist ein zentner
pro 4 fl $\frac{1}{8}$ wie kummen 4152 lb vnd kumē
171 fl 5 ß 4 heller $\frac{4}{5}$ Vñ ist recht gmacht

Pfeffer

B

《算数》内页

据悉，加法符号和减法符号被首次使用，是在魏德曼于 1489 年创作的这本书中。

恩（Johann Rahn，1622—1676）。在拉恩使用之前，有几个欧洲国家将“÷”当作减去的意思来使用。

罗伯特·雷科德（Robert Recorde，约 1510—1558）于 1557 年在其创作的《砺智石》中首次使用了等号“=”。一开始，他使用的等号与字母 Z 的形态差不多，后来才变得与现在使用的符号相同。之所以用平行线来表示“相等”的意思，是因为他觉得没有比平行线中的两条直线更相同的了。

5. 用数学计算利息

文艺复兴时期，以自己拥有的巨额财富为基础、借钱给别人并从中获取利息的放贷者很多。同时，计算利息的方法也很发达。

借钱时，计算利息的方法有单利法和复利法。单利法适用于约定的一定期限内本金的利息。例如，借入 5000 元时，如果约定 1

《银行家和他的夫人》

从马西斯在 1514 年左右绘制的这幅画中，可以窥见当时银行业的繁荣景象。

年要支付本金的 10%（5000 元 ×10%=500 元）的利息，那么两年后需要归还本金 5000 元和利息 1000 元（500 元 / 年 ×2 年），共计 6000 元。

与此不同，复利法指的是将约定的一定期限内本金所生的利息加到本金上再计算下期的利息，逐期滚算，直到借款期满。例如，以年利率 10% 借款 5000 元，其年利息为 500 元，则在下一年应归还 5500 元。但是，再过一年，归还时就要以原本金加上利息来作为新本金，即新本金为 5500 元加上其利息。这时的利息就变为 550 元（5500 元 ×10%=550 元），一共要归还 6050 元（5500 元 +550 元 =6050 元）。随着交易金额增大，以及利率和偿还期限多样化，计算利息的方法变得越来越复杂，利息结算法也得到了发展。

6. 通过利率计算得出的三次方程

借给朋友 a 元，每年以复利的形式收取利息，利率为 r，则 3 年后能够收回的本金和利息一共有多少元呢？

上面的问题，是当时关于利息计算的难题之一。如果将这一问题用公式来表示，可以简单地表示为：

$$x=a(1+r)^3$$

$$x=ar^3+3ar^2+3ar+a$$①

往公式中代入本金和利率就能解出结果。但是，如果我们将上面的问题稍微改变一下，就会变成一个更复杂的问题：

手头有 a 元，把它借给朋友，若 3 年后想收回 x 元，则年利率 r 应为多少呢？

---

① $3\times a$、$a\times r$ 这样的数字与字母、字母与字母相乘时，可以将乘号（×）省略，简单地用 $3a$、ar 来表示。

像这样，问题就变成求年利率 r 了，计算公式就变为求未知数 r 的三次方程式，如下所示：

$$r^3+3r^2+3r+1=\frac{x}{a}$$

方程式是含有未知数的等式，是等式的一个类别。只要将特定的数值代入未知数，方程式就可以成立。例如，在 $5+x=7$ 这个等式里，用 2 代入未知数 x，则等式成立；但是用 3、5、6 代入未知数，等式就不成立。像这样随着代入的未知数的不同，等式有时成立，有时不成立，这样的等式就是方程式。方程式中用字母 x 来表示未知数，字母 x 相乘的次数称为次。x^3 是 $x\times x\times x$，也就是 x 自我相乘 3 次，所以称为三次方程式。

文艺复兴时期，因为没有得出解三次方程的方法，所以解三次方程就成为当时数学家们的一个重要研究课题。众多的数学家相互竞争，就是为了让自己成为第一个解开三次方程的人。

7. 围绕三次方程解法的斗争

在三次方程的解法出现之前，数学家们经历了很多的迂回曲折。据说，早在1515年，数学教授德尔·费罗（Scipione del Ferro，1465—1526）就已经解开了三次方程 $x^3+mx=n$。费罗在解题过程中大部分使用的是阿拉伯数学的表达方式，他没有用论文的形式将自己的解法发表出来，只是将此事告诉了自己的学生安东尼奥·菲奥尔。当菲奥尔知道三次方程的解法被传出去的时候，尼科洛·塔尔塔利亚（Niccolò Tartaglia，1499—1557）也宣称自己找到了三次方程的解法。菲奥尔认为塔尔塔利亚在说谎，就提议举办一场解三次方程的公开赛。然而，出人意料的是，最终在比赛中获胜的人居然是塔尔塔利亚。

得知此消息的吉罗拉莫·卡尔达诺找到塔尔塔利亚，以承诺会保守秘密的条件从塔尔塔利亚那儿求得了三次方程的解法。但是卡尔达诺并没有信守承诺，他违背了与塔尔塔利亚的约定，在1545年的著作《大术》中发表了三次方程的解法。塔尔塔利亚对此进行了强烈的抗议，但是此时卡尔达诺反而指责塔尔塔利亚剽窃了自己的解法。

在斗争的情形下，卡尔达诺发表了三次方程 $x^3+mx=n$ 的解法。

HIERONYMI CAR
DANI, PRÆSTANTISSIMI MATHE
MATICI, PHILOSOPHI, AC MEDICI,
ARTIS MAGNÆ,
SIVE DE REGVLIS ALGEBRAICIS,
Lib. unus. Qui & totius operis de Arithmetica, quod
OPVS PERFECTVM
inſcripſit, eſt in ordine Decimus.

HAbes in hoc libro, ſtudioſe Lector, Regulas Algebraicas (Itali, de la Coſ ſa uocant) nouis adinuentionibus, ac demonſtrationibus ab Authore ita locupletatas, ut pro pauculis antea uulgò tritis, iam ſeptuaginta euaſerint. Neq; ſolum, ubi unus numerus alteri, aut duo uni, uerum etiam, ubi duo duobus, aut tres uni ęquales fuerint, nodum explicant. Hunc aũt librum ideo ſeorſim edere placuit, ut hoc abſtruſiſſimo, & planè inexhauſto totius Arithmeticæ theſauro in lucem eruto, & quaſi in theatro quodam omnibus ad ſpectandum expoſito, Lectores incitarẽtur, ut reliquos Operis Perfecti libros, qui per Tomos edentur, tanto auidius amplectantur, ac minore faſtidio perdiſcant.

《大术》的封面

1545 年，卡尔达诺违背约定，在《大术》中发表了三次方程的解法。

我们一起来看一下这个解法吧。

① 列出恒等式[①]：$(a-b)^3+3ab(a-b)=a^3-b^3$。

② 假设 a、b 满足 $3ab=m$，$a^3-b^3=n$，那么 $x=a-b$。

③ 解出关于 a、b 的方程，如下：

$$a=\sqrt[3]{(\frac{n}{2})+\sqrt{(\frac{n}{2})^2+(\frac{m}{3})^3}},\ b=\sqrt[3]{-(\frac{n}{2})+\sqrt{(\frac{n}{2})^2+(\frac{m}{3})^3}}$$

④ 将 a 和 b 的表达式代入 $x=a-b$ 里，就能求出 x 的值。

① 恒等式，指公式中的变量无论怎样取值，等式始终成立的算式。

8. 根的发明

能简单地将三次方程的解法表示出来，得益于“根”（$\sqrt{\ }$）。要理解“根”，就要知道乘方。把数字 2 自我相乘 4 次，可以写为 $2\times2\times2\times2$，也可以简单地写为 2^4（2 的四次方）。像这样，数 a 相乘 n 次，就叫作 a 的 n 次方，写为 a^n。其中，a 位于下方，被称为乘方的底数；n 位于右上角，被称为乘方的指数[①]。

根号不是用来表示乘方的结果，而是表示开方的结果。例如，2 的平方是 4，4 开平方就是 2，2 被称为“4 的平方根”，使用符号表示就是$\sqrt{4}$。也就是说，4 的平方根用符号写为$\sqrt{4}$，它的结果是 2，即$\sqrt{4}=2$。

英语单词“root”有树根、根源的意思。

首次创造根号的数学家是克里斯托夫·鲁道夫（Christoff Rudolff，1499—1543）。1525 年，他创作的《未知数》一书出版。在该书中，他首次使用了“$\sqrt{\ }$”。“$\sqrt{\ }$”是“根”的意思，据推测，是拉丁文“radix”的首字母 r 的变形。

① 所谓的指数，是写于某个数或者字母的右上角，用来表示其自身相乘的次数的数或者字母。

9 的平方根

虽然创造根号的数学家是鲁道夫，但是使它广为人知的是当时最优秀的数学家米歇尔·施蒂费尔（Michael Stifel，1487—1567）。施蒂费尔在 1533 年对鲁道夫的书进行了修正和完善，并重新出版。1544 年，他收集之前发表的理论和数学符号，出版了《整数算术》。该书共有 3 部，分别包含了有理数、无理数、代数的相关内容。书中还特别介绍了“+”“−”“$\sqrt{\ }$”等数学符号，对这些符号的广泛运用起了重要的作用。

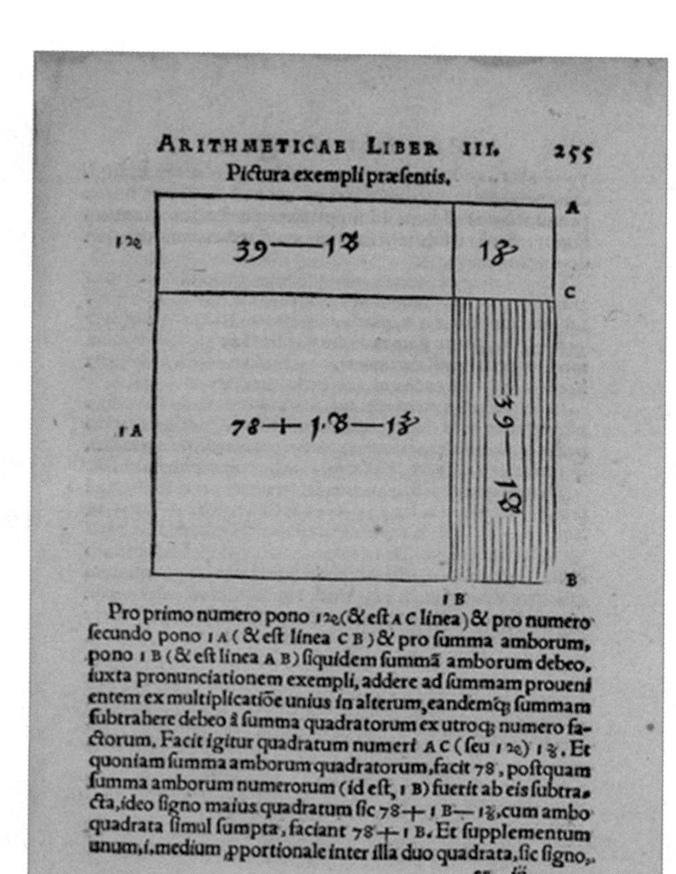

ARITHMETICAE LIBER III. 255

Pictura exempli præsentis.

Pro primo numero pono 1℞ (& est AC linea) & pro numero ſecundo pono 1A (& est linea CB) & pro ſumma amborum, pono 1B (& est linea AB) ſiquidem ſummã amborum debeo, iuxta pronunciationem exempli, addere ad ſummam prouenientem ex multiplicatiõe unius in alterum, eandemq́; ſummam ſubtrahere debeo à ſumma quadratorum ex utroq; numero factorum. Facit igitur quadratum numeri AC (ſeu 1℞) 1ʓ. Et quoniam ſumma amborum quadratorum, facit 78, poſtquam ſumma amborum numerorum (id eſt, 1B) fuerit ab eis ſubtracta, ideo ſigno maius quadratum ſic 78+1B—1ʓ, cum ambo quadrata ſimul ſumpta, faciant 78+1B. Et ſupplementum unum, i. medium ꝓportionale inter illa duo quadrata, ſic ſigno,

ss iij

《整数算术》内页

《整数算术》包含了负数、乘方、方根等内容，在德国出版的有关大数学的图书中得到了最高评价。

9. 推进代数学发展的韦达

如果在计算利息的方程式中不使用 a 表示本金、r 表示利率，公式就变得非常复杂。而且如果每个数学家使用的文字都不同，那么即使看到计算好的公式，彼此间也很难明白都计算出了什么。

数学家们也不是一开始就能利用符号将公式简单地表示出来。后来之所以能做到这一点，得益于用一般字母代替数字来对数的关系、性质、计算方法进行研究的代数学的发展。如果说建立代数学基础的人是阿尔－花剌子模，那么正式巩固代数学的人则是法国数学家弗朗索瓦·韦达（François Viète，1540—1603）。

韦达创作的《解析方法入门》（1591 年出版）一书，对符号代数的发展做出了很大的贡献。韦达在该书中提出：用元音字母表示未知数，用辅音字母表示已知数。如今，我们在表示未知数时使用字母表的最后几个字母（x、y、z 等），表示已知数时使用字母表的前几个字母（a、b、c 等），这种表示方法均得益于韦达。在韦达提出这个观点之前，大家在表示数时，都是随便使用字母，并没有任何基准参考。

另外，韦达还在同一个字母旁附加适当的条件来表示指数。例如，他将 x、x^2、x^3 写成 A、A quadratum、A cubum，之后变成了简

弗朗索瓦 · 韦达

写 A、Aq、Ac。在该书中使用的 +、- 符号，以及在使用各种数时活用英文字母来表示的方法等，都对数学符号的一般化做出了很大的贡献。

10. 韦达是数学“恶魔”？

若论文艺复兴时期最伟大的数学家，人们通常都会选择韦达。他年轻时是一名律师，同时还担任王宫的顾问，他开始学习数学时，已经有 40 岁了。韦达废寝忘食地学习数学，被公认为法国最有名的数学家。

韦达的数学天赋极高，因此才有了他不是人类的传闻。这个传闻源于法国与西班牙之间的战争。战争期间，法国获得了西班牙军队士兵之间传递信息的秘密暗号。这个暗号由数百个字母组成，但最终韦达破解了它。凭借韦达的破解，法国才得以在战争中制定出有利的策略。

在韦达破解之前，西班牙国王曾无比确信，这个暗号是不可能被人破解的。因此，在暗号被破解后，他找到教皇表达心中的不满，说法国抛弃了基督教精神，雇用了恶魔来破解暗号。

第 6 章

几何学和透视法

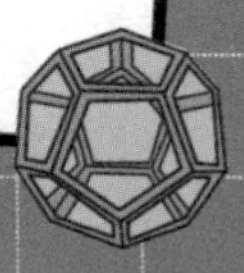

文艺复兴时期，
欧洲是如何改变的呢？

随着文艺复兴运动兴起，欧洲中世纪时期基督教教会的黑暗统治逐渐消失在历史的长河之中。

文艺复兴运动引起巨大的社会变化，揭开了近代欧洲历史的序幕。其间重要的变化之一是技术工匠开始得到社会认同。用现在的话来说，技术工匠就是技术工程师。技术工匠受到歧视的状况，在早期的西方社会十分普遍。但是经过文艺复兴运动，在中世纪黑暗时期饱受歧视的技术工匠开始得到应有的尊重，社会地位也得到了提高。技术工匠出身的最具代表性的人物是列奥纳多·达·芬奇（Leonardo da Vinci，1452—1519）。他代表了文艺复兴时期的天才，他的名字的含义是：出生在意大利佛罗伦萨附近芬奇村的列奥纳多。

随着包括达·芬奇在内的众多天才在文艺复兴时期纷纷登场，人们对他们的认知及他们看待自己的方式也产生了变化。因此，工具被不断创造和改良，以及利用这些工具进行观测和实验，都为近代社会的肇始——科技革命奠定了基础。我们来看一下跟中世纪说“再见”的文艺复兴时期吧。

1. 古希腊书籍的复活

在文艺复兴时期，古希腊的数学和科学书籍被译成英文后才得以大众化。这个时期翻译过来的书籍成为欧洲数学和科学发展的基础，最有代表性的译本就是欧几里得著的《几何原本》。在 11 世纪，热尔贝曾将古希腊语的《几何原本》翻译成拉丁文，但该书的大众化是从 1570 年英国的亨利 · 比林斯利（Henry Billingsley，？—1606）将其翻译成英文后开始的。通过该书，研究图形性质的几何学用语逐渐规范了起来。

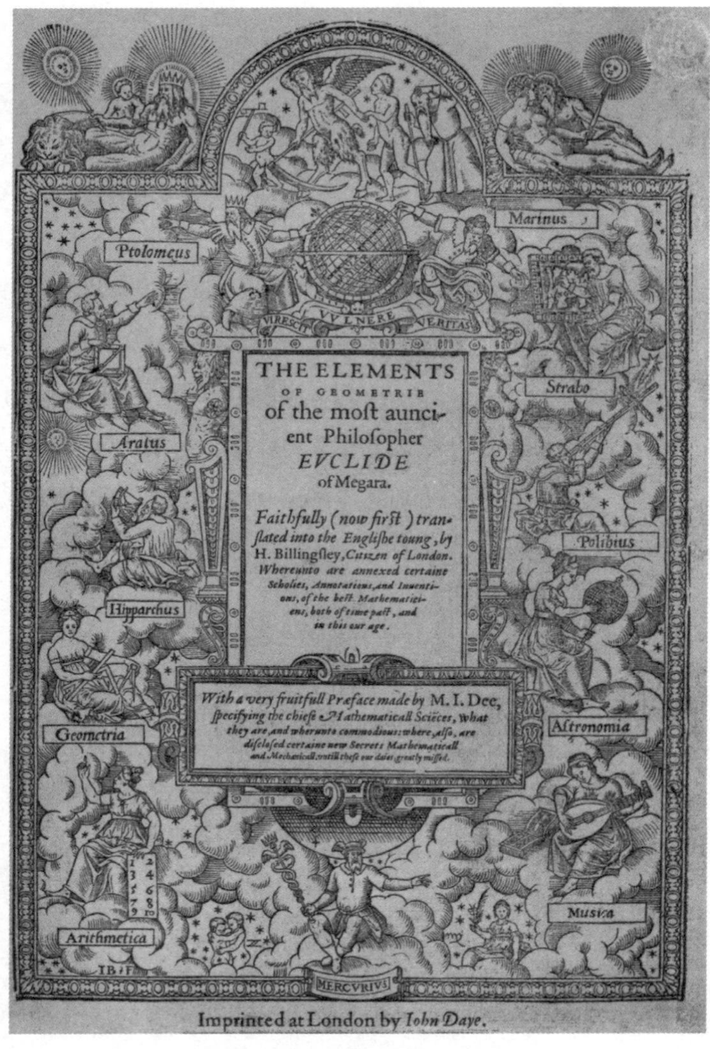

Marinus

Ptolomeus

VIRESCIT VULNERE VERITAS

THE ELEMENTS
OF GEOMETRIE
of the moſt aunci-
ent Philoſopher
EVCLIDE
of Megara.

Faithfully (now firſt) tran-
ſlated into the Engliſhe toung, by
H. Billingſley, Citizen of London.
Whereunto are annexed certaine
Scholies, Annotations, and Inuenti-
ons, of the beſt Mathematici-
ens, both of time paſt, and
in this our age.

With a very fruitfull Præface made by M. I. Dee,
ſpecifying the chiefe Mathematicall Sciēces, what
they are, and wherunto commodious: where, alſo, are
diſcloſed certaine new Secrets Mathematicall
and Mechanicall, vntill theſe our daies, greatly miſſed.

Strabo

Aratus

Polibius

Hipparchus

Geometria

Astronomia

Musica

Arithmetica

MERCVRIVS

Imprinted at London by Iohn Daye.

1570 年在英国出版的英文版《几何原本》（由亨利 · 比林斯利翻译）

2. 四边形的定义

在比林斯利翻译的《几何原本》中，有关各种四边形名称的英语单词首次出现。四边形是指有四条边的图形。虽然无法得知是谁最先提及并使用了四边形，但是能推测出的是，人类在开始建造房子和进行农业耕作时就已经对四边形的形态有所认知，并将它应用于实际生活中。有关四边形的记载，最早可以从古希腊数学家毕达哥拉斯的研究中找到。毕达哥拉斯利用四边形的面积对表示直角三角形三条边关系的勾股定理进行了证明。

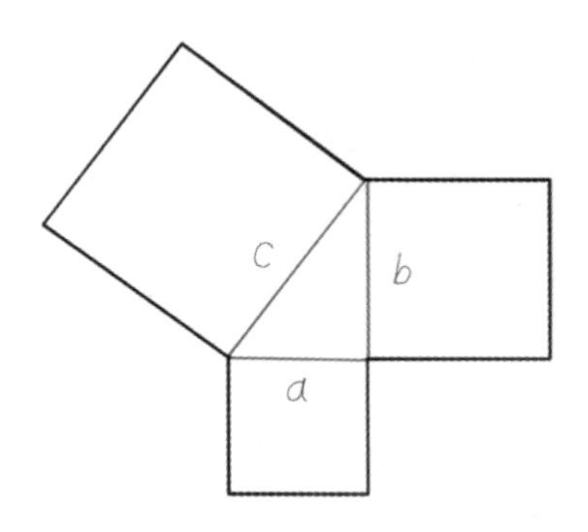

勾股定理：$a^2+b^2=c^2$

组成四边形的线条称为边，线条交叉的地方称为角。另外，相对的边称为对边，该名称结合了“面对”或“一双”中的“对”字和表示“边缘”的“边”字。同样，四边形相对的角称为对角。根据四边形中平行边的条数、角的大小、边的长度等不同，可以将其分为诸如梯形、平行四边形、长方形、正方形、菱形等多个种类。

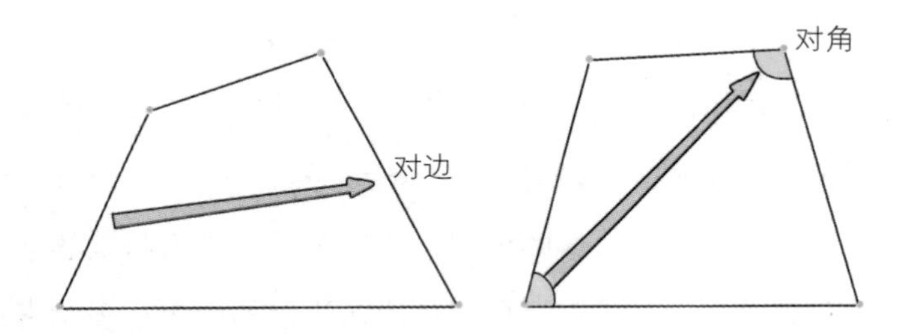

3. 各种四边形

现在，我们看一下在比林斯利翻译的《几何原本》中出现的有关四边形的单词吧。正方形：square；长方形：rectangle；梯形：trapezoid；平行四边形：parallelogram。其中，创造梯形、平行四边形和菱形的英文单词的历史背景如下。

梯形的英语单词是“trapezoid”或者“trapezium”。trapezoid 源于表示“小桌子”的希腊单词“τράπεζα”（trápeza），意思是形状像桌面的四边形。在古希腊语中，单词 trapezoid 首次记载于普罗克洛斯（Proclus，410—485）在 450 年左右出版的欧几里得著的《几何原本》（卷一）的注释中。

在梯形中，如果两组对边均平行，则称它为平行四边形。平行四边形的英语单词是“parallelogram”，它是由表示“平行”的单词“parallel”和从表示“图形”的单词“graphic”演变来的“gram”组成的。

另外，表示菱形的英语单词是“rhombus”，它并不是出自比林斯利翻译的《几何原本》，据说，其首次使用于约翰 · 梅普利特（John Maplete，1541—1592）于 1567 年著的《绿色森林或自然史》一书中。Rhombus 源于希腊单词“Tόμβοζ”，其意思是“旋转体”。

单词“Tόμβοζ”在古希腊数学家阿基米德（Archimedes，前287—前212）和欧几里得的书中都被使用过。阿基米德将两个圆锥的底面贴在一起（如下图）形成的合体称为“立体菱形”。也就是说，古希腊的数学家们认为，菱形是由两个圆锥组合成的基本（平面）图形。

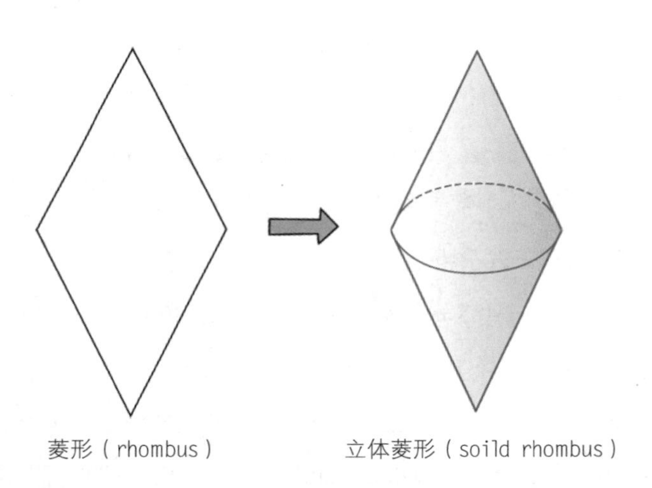

菱形（rhombus）　　立体菱形（soild rhombus）

4. 为几何学打下基础的透视法

前文说过，在文艺复兴时期，制作方便人们生活的用品的技术工匠开始得到人们的尊重。文艺复兴运动后，他们获得了新评价，社会地位也得到了提高。技术工匠出身的最具代表性的人物是达·芬奇。

达·芬奇是中世纪著名的数学家、科学家、画家。由于在文艺复兴运动之前宗教占据统治地位，所以当时的画作基本上是以神为中心的。比起如何在绘画中表现人们看到的有深度的三维世界，当时的画家们更注重的是如何在画中表现上帝的旨意。但是，从文艺复兴运动开始，人们逐渐定位于以人为中心的思想，开始将人眼能看到的事物真实地描绘出来。得益于此，在文艺复兴时期的画作中开始出现能感受到事物远近的透视法。意大利建筑师菲利波·布鲁内列斯基（Filippo Brunelleschi，1377—1446）以在古埃及、古希腊发现的数学和科学的事实为基础，创立了透视法。也就是说，从文艺复兴时期开始，人们就能将双眼见到的外部的立体世界，以数学的视角画到平面的纸上了。

眼睛看到的世界（上图）和使用透视法完成的画作（下图）

5. 梯形和菱形

长方形、正方形、平行四边形，是根据四边形的内在特征而被命名的。长方形是内角均为直角（但有不等长的长边和短边）的四边形；正方形是指四条边都相同、四个内角也都相同（直角），样子很端正的四边形；平行四边形是指两对边相互平行的四边形。但是

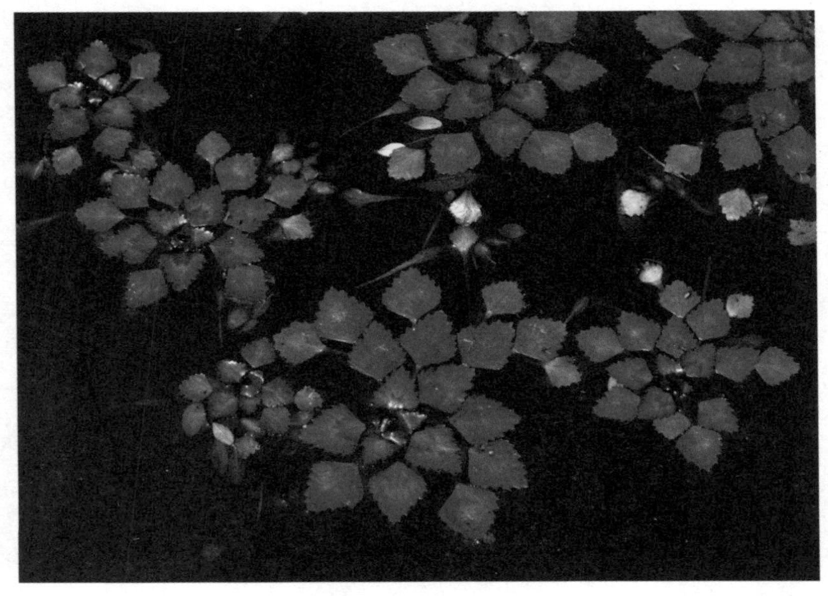

菱叶

梯形和菱形与以上这些四边形不同，很难根据四边形的内在特征来命名。那么，梯形和菱形的名称到底是如何得来的呢？

在汉字中，梯形是由表示“梯子”意思的“梯”和表示“形状”的“形”组成的，日本与中国的用法相同。本来，韩国也使用这一用法，但后来变成了纯粹的韩语固有词“梯子形”（사다리꼴）。实际上，在20世纪40年代的韩国，数学教科书上使用的就是汉语“梯形”（제형）而非韩语“梯子形”。另外，菱形（마름모）也是将汉语“菱形”（능형）当作韩语的固有词的，是指与菱叶很像的形状。

6.《最后的晚餐》与射影几何

达 · 芬奇密切地观察了人眼所见到的一切，并致力于将观察到的一切搬到画卷上。他在意大利米兰圣玛丽亚感恩教堂道明会修道院墙上画的《最后的晚餐》，就是很好地表现了透视法的一幅作品。下页图是画作《最后的晚餐》，以及运用现代技术对其进行分析的设计图，从后者中可以看到达 · 芬奇绘制的这幅画是如何体现透视法的。

达 · 芬奇对透视法、立体概念的理解深度和表现力，也能从他画的其他立体图中看出来。他为卢卡 · 帕乔利（Luca Pacioli，1445—1517）的《神圣比例》一书画了一些立体图，为了将构造明确地表现出来，他还画了立体图的示意图。

在这之后，透视法开启了几何学中一个全新的领域——射影几何。1636 年，法国数学家吉拉德 · 德萨格（Gérard Desargues，1591—1661）从数学角度对这个领域进行了整理。人们在观察物体时，因面对的位置不同，所感知到的物体投影的长度、比例、角度等均有所不同，对这些投影的性质进行研究，也就开启了射影几何这一全新的领域。

达·芬奇绘制的《最后的晚餐》

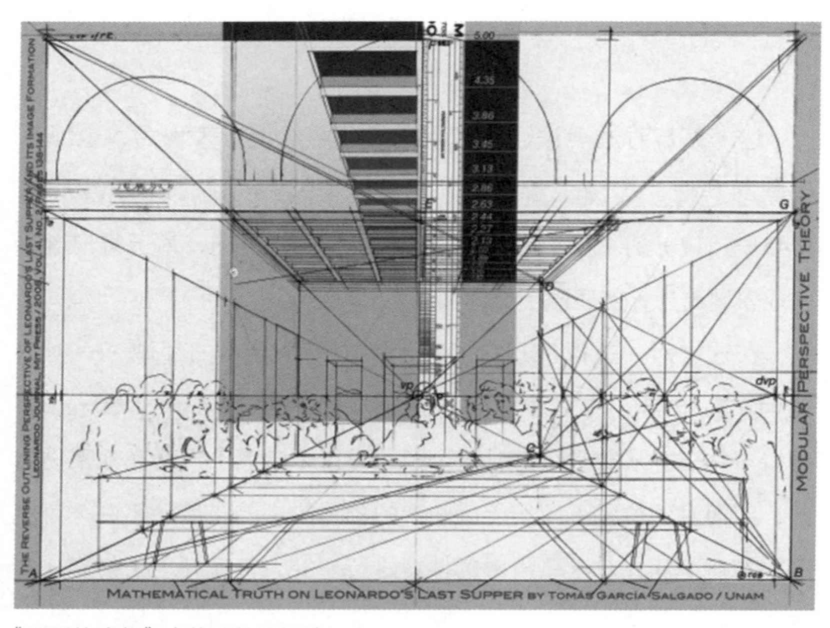

《最后的晚餐》中体现的透视法

达 · 芬奇画的是多面体及多面体的构造。在达 · 芬奇生活的时代，人们还不知道将立体图绘在纸上的方法。达 · 芬奇因准确地将立体图绘在纸上而闻名。

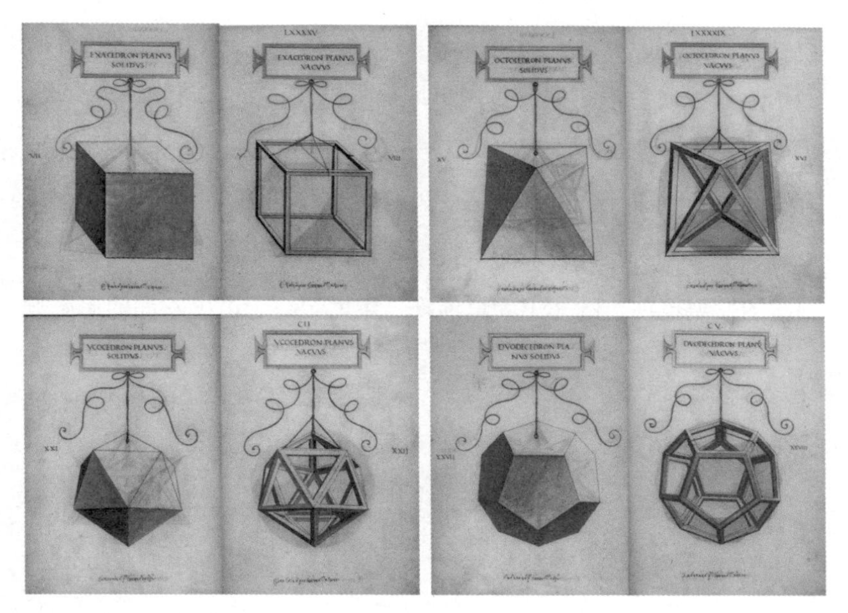

收录于《神圣比例》中的达 · 芬奇的绘图

7. 近代的黎明

曾经统治欧洲全域的罗马帝国在 395 年分裂成东罗马帝国（拜占庭帝国）和西罗马帝国，其中国力较弱的西罗马帝国于 476 年走向了灭亡。此后，东罗马帝国也因反复发生战争，国势逐渐衰弱，于 1453 年被奥斯曼帝国灭亡。

之后的欧洲社会进入文艺复兴时期，古希腊、古罗马文化得以复活，不受《圣经》约束的自由思想开始在知识分子之间传播，印刷术的发展也使新的知识大量涌现。中世纪终于退出欧洲的历史舞台，近代的黎明开始到来。